「性」の進化論講義

生物史を変えたオスとメスの謎

更科 功
Sarashina Isao

PHP新書

はじめに

昔の話である。私がまだ大学生だったころに、同級生がこんなことを言っていた。

「数学や物理はいいけどさ、生物学ってアホみたいだな」

ずいぶん失礼な言葉である。でも私は折に触れて彼の言葉を思い出す。

当時私たちは、大学の中でも少し変わった学科にいた。数学や自然科学を広く扱う学科にいたのである。物理とか生物とかに限定しないので、いろいろな講義があった。3限がルベーグ積分の講義で、4限が分子生物学の講義とか、そんな感じだった。

数学や自然科学を広く扱うという学科の目標はうまくいったのだろうか。今ではその学科はなくなってしまったので、もしかしたらうまくいかなかったのかもしれない（本当のところはわからないけれど）。

それはともかく、その学科にいれば、数学の講義も物理の講義も化学の講義も生物の講義も受けなくてはならない。そうした状況の中で、彼の発言が出てきたわけだ。

もちろん、私は生物学のことをアホみたいだとは思わないし、彼の発言に反論することも可能だろう。でも、まあ今となっては彼の発言の真意はわからないし（数学的な解析が少ないという意味だったのかもしれない）、彼だって深く考えて発言したわけではないだろうから、真面目に反論されても困るだろうけど。

しかし、それでも、私は折に触れて彼の言葉を思い出す。それは、「自然淘汰」という言葉を使うときなどだ。

「自然淘汰」という言葉は、多義語である。つまり、いくつもの意味を持っている。これは（アホなことだ、とまでは思わないけれど）よくないことだ、と私は思う。

たとえば、「ダーウィンが初めて自然淘汰を発見した」という文と「ダーウィン以前から自然淘汰は知られていた」という2つの文を考えてみよう。ふつうに考えれば、どちらか片方の文が正しければ、もう一方の文は間違いになるはずだ。ところが、「自然淘汰」が多義語であるために、この2つの文は両方とも正しいのである。

自然淘汰はおもに2つに分けられる。方向性淘汰と安定化淘汰だ。有利な突然変異が起きると、自然淘汰はその突然変異を広めるように作用する。すると生物は変化していく。これが方向性淘汰だ。方向性淘汰は生物を進化させる力になる。

いっぽう、不利な突然変異が起きると、自然淘汰はその突然変異を除くように作用する。すると生物は変化しない。これが安定化淘汰だ。安定化淘汰は生物を進化させない力になる。

じつは、ダーウィンが発見したのは方向性淘汰であって、安定化淘汰はダーウィン以前から知られていた。だから「自然淘汰はダーウィン以前から知られていた」という文は正しい。ところが、ややこしいことに、「方向性淘汰」のことだけを「自然淘汰」と言うこともある。すると「ダーウィンが初めて自然淘汰を発見した」という文も正しくなるわけだ。

自然淘汰には、さらに別の分け方もある。「自然淘汰」というのは子孫を多く残す個体を増やすメカニズムだ。個体は繁殖して子孫を残すけれど、繁殖する前に死んでしまったら、そもそも繁殖できない。つまり、個体は「生存」して、「繁殖」して、子孫を残すわけだ。

つまり「子孫を多く残す」特徴の中には「生存に有利な」特徴と「繁殖に有利な」特徴が含まれる。そこで、「生存に有利な」特徴を進化させるメカニズムを「環境淘汰」と呼び、

「繁殖に有利な」特徴を進化させるメカニズムを「性淘汰」と呼ぶことがある。つまり「自然淘汰」を、「環境淘汰」と「性淘汰」の2種類に分けることもある。

ところが、(本文で述べるが)「環境淘汰」のことを指すときには、「環境淘汰」という言葉を使わずに「自然淘汰」という言葉を使うほうがふつうである。そこで、「自然淘汰」は「自然淘汰」と「性淘汰」に分けられることになり、こちらはこちらでややこしいことになっている。

そこで、方向性淘汰と安定化淘汰については以前に書いたことがあるので、本書では性淘汰と自然淘汰、およびその周辺の話題について書かせていただいた。そもそも「性」はなぜ存在するのか、なぜオスは派手な飾りを進化させることがあるのか、などの話題の中で、進化のメカニズムの話を楽しんでいただけたら幸いである。

「性」の進化論講義

第1章　なぜ生物には性があるのか

第2章 「赤の女王仮説」とは何か

第3章 オス同士の競争が進化を促した

第4章 メスの選り好みはどう進化したか

第5章 オスとメスの対立

第6章　オスとメスの逆転

第1章

なぜ生物には性があるのか

どうして多くの生物にはオスがいるのか

私たちヒトは有性生殖をする生物なので、オスとメスがいる。しかし、生物の中には、メスしかいないものも結構いる。わりと身近なトカゲやヘビにも、メスしかいない種が存在する。その中でもっとも有名なのは、ハシリトカゲの仲間だろう。

ハシリトカゲの一部の種には、メスしかいない。これは、オスとメスの区別がない無性的な生物だという意味ではない。オスとメスの区別はあるのだが、それにもかかわらずメスしかいないのだ。メスだけで子を作ることを単為生殖と言うが、メスしかいないハシリトカゲは単為生殖をするわけだ。

私たちのように、オスとメスがいて有性生殖を行う生物は、オスの精子とメスの卵が受精して受精卵を作る。しかし、精子も卵もDNAを持っているので、そのまま受精したら、受精卵のDNAは2倍になってしまう。そして、孫ではDNAが4倍に、ひ孫ではDNAが8倍になってしまう。こうなることを避けるために、私たちは受精する前に減数分裂をして、精子や卵のDNAを半分に減らしておく。それから受精をするので、私たちのDNAは2倍

ハシリトカゲ

ハシリトカゲの仲間にはメスしかいない種がある（dpa/時事通信フォト）

になったりしないのである。

つまり、精子や卵のＤＮＡの量と比べれば、受精卵や、受精卵から発生してきた私たちは、その2倍のＤＮＡを持っている。そこで、受精卵や私たちを、「二倍体」と呼ぶこともある。

いっぽう、メスしかいないハシリトカゲも、ちゃんと減数分裂をする。今ではメスしかいないけれども、かつてはオスもいて有性生殖をしていたと考えられているので、減数分裂はその名残なのだろう。しかし、ハシリトカゲは受精をしないので、減数分裂した卵から生まれた子は、二倍体の半分、つまり一倍体になってしまうはずだ。そして、孫は1／2倍体、ひ孫は1／4倍体になってしまうはずである。これでは困るので、ハシリトカゲは減数分裂をする前にDNAを増やしておく。それから減数分裂をするので、卵から生まれた子は、親と同じ二倍体になるのである（詳しくは第2章の最後に説明する）。

このようにメスしかいないハシリトカゲも、自然の中でちゃんと生きていけるのだ。それなら、どうして多くの生物にはオスがいるのだろうか。オスなんかいらないような気がするけれど、オスがいると何かよいことがあるのだろうか。

怠け者と作業ロボットの幸せ（？）な生活

繰り返しになるが、私たち人間は有性生殖をする生物だ。女性だけで、あるいは男性だけで繁殖することはできない。そのため、私たちは、性は繁殖の手段であると考えがちである。でも、本当にそうだろうか。じつは、性が生まれた原因は、繁殖とは関係がなかった可能性が高い。それについて、少し空想をしながら検討してみよう。

あるところに、怠け者で有名な男がいた。男は農家の子どもだったので、大人になると農業を始めた。しかし、仕事が面倒でたまらない。そこで男は考えた。

「私の代わりに、田畑で働いてくれるロボットが作れないだろうか。もしも、そんなロボットがいたら、私は一日中、家で寝ていられるのに」

そして、男は夢を実現させるために、ロボットを作り始めた。幸いなことに、男にはその方面の才能があったらしい。ほどなく田畑で働いてくれる農業ロボットが完成した。

ロボットは朝になると、家を出て田畑に行く。そこで昼間働いて、夕方になると家に戻ってくる。男は幸せだった。なぜなら、一日中家で寝ていられるからだ。

ところが、男の幸せは長くは続かなかった。ひと月経つと、ロボットが歩けなくなってしまったのだ。しばしば、ぬかるみの中を歩くので、足の部分が錆(さ)びてしまったのが原因らしい。男は修理しようとしたが、どうしても直らない。そこで仕方なく、また最初からロボットを作ることにした。そして新しいロボットが完成すると、男の幸せな日々が復活した。

ところが、またひと月経つと、今度はロボットの手が動かなくなってしまった。毎日農作業を続けたせいで、手の関節の部分が擦り減ってしまったらしい。男は修理しようとしたが、うまく直らないので、また最初からロボットを作らなくてはならなかった。

そんなことが繰り返される日々が始まった。ロボットを作ってからしばらくは一日中寝ていられて幸せなのだが、ひと月経つとロボットが壊れてしまうので、またロボットを作らなくてはならない。それが面倒でたまらない。そこで男は考えた。

「私の代わりに、ロボットを作ってくれるロボットを作れないだろうか。もしも、そんなロボットがいたら、私は一日中、家で寝ていられるのだが」

男はその計画を実現させるために、新型ロボットを作ることにした。農作業をする機能だけでなく、ロボットを作る機能も付け加えたのである。そして、ついに新型ロボットが完成した。

新型ロボットは、ひと月経つと新しいロボットを作って、それから壊れた。だから、もう男は何もしなくてよかった。農作業もロボットがしてくれるし、新しいロボットもロボットが作ってくれるのだ。男は一日中、家で寝ていられて幸せだった。

しかし、男の幸せな日々は、唐突に終わりを告げた。大型の台風が来たのだ。強風が吹いて庭の木が倒れ、その下敷きになってロボットは壊れてしまった。男はぶつぶつ言いながら、仕方なく新しいロボットを作った。

「ロボットにロボットを作らせるようにしたのはよかったけれど、1体のロボットが作れるロボットは1体だけだ。それがまずかった。これからも台風や地震は来るだろうし、ときどきは不慮の事故でロボットは壊れるだろう。そこで、今度作るロボットは、新しいロボットを2体、いや念のために3体作れるようにしよう。それなら、今月ロボットを1体作っておけば、来月は3体、再来月は9体になる。これなら台風や地震が来ても、ロボットが全滅することはないだろう」

そうして、また男の幸せな生活が復活した。今ではロボットがたくさんいるので、不慮の事故があっても、ロボットが全滅することはない。壊れずに残ったロボットが働いてくれるので、男は毎日寝ていることができた。

男はとくにすることもないので、ロボットたちを観察してみた。ロボットは石油を燃料にしている。最初のころは、男がロボットに石油を入れていた。しかし、それも面倒になったので、今のロボットは自分で自分に石油を入れるように作られていた。男の家の近くには小さな油田と製油所があり、ロボットは農作業が終わるとその製油所に行って、自分で石油を入れるのである。

男は、製油所の近くに腰を下ろして、のんびりロボットたちを眺めていた。そして、それらのロボットが、少しずつ違うことに気がついた。一応、同じロボットを作るように設計したつもりなのだが、完全に同じコピーはできないのだろう。

書類をコピー機でコピーすれば、少しは字がかすんでしまう。デジタルデータのコピーだって、ものすごく低い確率だが、かならずミスが起きる。この世に完璧なコピーは存在しないのだ。

だから、毎月作られる農業ロボットも、少しずつ違う。農作業が少しだけ速いロボットもあれば、少しだけ遅いロボットもあった。そのため、農作業が早く終わったロボットから、順番に製油所に来て、石油を入れるのである。

ところが、その製油所は小さいので、1日当たりロボット60体分の石油しか生産しない。何カ月か経ってロボットが増えてくると、石油が足りなくなってきた。農作業が遅いロボットは、石油を入れることができないので、燃料が切れて動けなくなり、製油所の周りにゴロゴロと転がったままになってしまった。

性は繁殖の手段として進化したわけではない

そんなおり、たまたまコピーミスで、新しいタイプのロボットが生まれた。今までのロボットは、1体だけで新しいロボットを作ることができた。しかし、新しいタイプのロボットは、2体が協力しないと新しいロボットを作れないのである。2体の親ロボットが協力して、ひと月のあいだに3体の子ロボットを作り、それから親ロボットは壊れるのだ。しかし、数カ月経つと、この新しいタイプのロボットは絶滅してしまった。

ふつうのタイプ（旧タイプ）のロボットは、1カ月当たり1体の親ロボットが3体の子ロボットを作る。つまり2体の親ロボットからは6体の子ロボットを作ることになる。いっぽう、新しいタイプ（新タイプ）のロボットは、1カ月当たり2体の親ロボットから3体の子ロボットを作るわけだ。

仮に、旧タイプのロボットと新タイプのロボットが、それぞれ30体ずつあったとしよう。すると、1カ月後に新しく作られるロボットの数は、

旧タイプ：30×3＝90（体）
新タイプ：30×（3／2）＝45（体）

となり、ロボットの数の割合は、

旧タイプ：新タイプ＝90：45＝2：1

となる。しかし、石油は60体分しかないので、もし両方のタイプの能力が同じとすれば、生き残るロボットの数は、

旧タイプ：新タイプ＝2：1＝40：20

となるはずだ。すると、2カ月後に新しく作られるロボットの数は、

旧タイプ：40×3＝120（体）
新タイプ：20×（3／2）＝30（体）

となり、ロボットの数の割合は、

旧タイプ：新タイプ＝120：30＝4：1

となる。しかし、石油は60体分しかないので、もし両方のタイプの能力が同じとすれば、生き残るロボットの数は、

旧タイプ：新タイプ＝4：1＝48：12

となるはずだ。つまり、旧タイプが30体、40体、48体と増えていくのに対して、新タイプは30体、20体、12体と減っていってしまう。このように、新タイプのロボットはどんどん数を減らしていく。そして、ついには絶滅してしまうのである。

さて、ここでロボットを、生物と比べてみよう。旧タイプのロボットの増え方は、生物の無性生殖に似ており、新タイプのロボットの増え方は、生物の有性生殖に似ている。無性生殖で子どもを作るためには、親が1匹いればよい。しかし、有性生殖で子どもを作るには、親が2匹必要だ。つまり、有性生殖は無性生殖に比べて、半分の効率でしか繁殖できないのである。

それでも、地球が無限に大きければ、有性生殖をする生物が絶滅することはないだろう。地球が無限に大きくて、食べるものも棲むところもたくさんあれば、有性生殖をする生物と

無性生殖をする生物が競合する必要はないからだ。たしかに有性生殖をする生物の個体数は、無性生殖をする生物の個体数より少なくなりそうだが、それでもちゃんと生きていけるはずだ。

しかし実際には、地球の大きさは有限だ。だから、生息できる場所の広さも有限だ。そこに無性生殖をする生物と有性生殖をする生物がいて、それぞれが繁殖して増えていけば、かならず食べるものや棲むところが不足する。すると、それらを奪い合うことになって、どうしても両者は競合関係になってしまう。そのときは、ロボットの話で見たように、増殖率が重要なカギになるのである。

単純に考えれば、無性生殖は有性生殖の2倍の速さで増殖できる。このような、有性生殖が無性生殖より増殖率において不利であることを、有性生殖の2倍のコストと言う。

つまり、繁殖に関する限り、有性生殖は無性生殖よりも不利なのだ。無性生殖をする集団の中で、たまたま有性生殖をする個体が進化したとしても、それらは競争に勝つことはできないはずだ。

しかし、実際に性は進化している。だから、性にも何かよいところがあるのだろうが、それは繁殖とは別のところのはずである。性というものは、繁殖の手段として進化したわけではないのである。

ブレイ村の牧師仮説——性は有利な遺伝子を集める？

それでは、性はどうして進化したのだろうか。これは難しい問題で、現在でも完全に解明されているわけではない。しかし、よく知られている説はいくつかある。ここでは、それらの説を検討してみることにしよう。

1つ目は、有利な遺伝子同士を組み合わせられるから、という説だ。

たとえば、2つの遺伝子が、DNAの異なる位置にあったとしよう。それらを*a*、*b*とする。これらの遺伝子が、無性生殖をする集団と、有性生殖をする集団で、どのように進化するかを考えてみよう。

まずは、無性生殖をする集団だ。ある個体で、遺伝子*a*に突然変異が起こり、*A*に変わったとする。*A*を持つ個体が*a*を持つ個体よりも有利な場合、*A*を持つ個体は増えていくだろう。これらの個体の遺伝子型は*Ab*になる。

いっぽう、別の個体では、遺伝子*b*が*B*に変わる突然変異が起きたとする。*B*を持つ個体がbを持つ個体よりも有利な場合、Bを持つ個体も増えていくだろう。これらの個体の遺伝子型はaBになる。

さて、AもBも有利な遺伝子なので、その両方を持つ遺伝子型ABは、さらに有利になると考えられる。しかし、無性生殖の個体は分裂などで増えるので、Abの親からはAbの子しか生まれないし、aBの親からはaBの子しか生まれない。ABの個体が生まれるためには、Abの個体の遺伝子bに突然変異が起きてBに変わるか、aBの個体の遺伝子aに突然変異が起きてAに変わるまで待たなくてはならない。しかし、それには長い時間がかかるだろう。

次に、有性生殖をする集団を考えてみる。有性生殖の個体は交配して増えるので、Abの個体とaBの個体が交配することもあるだろう。Abの個体は、Aあるいはbの配偶子（精子あるいは卵）を作り、aBの個体は、aあるいはBの配偶子を作る。そこで、Aの配偶子とBの配偶子が受精すれば、ABの個体がただちに生まれることになる。

以上に述べたように、無性生殖をする生物に有利な突然変異が生じても、その変異は直接の子孫にしか伝わらない。そのため、ある個体に有利な突然変異が生じ、別の個体には別の種類の有利な突然変異が生じたとしても、2種類の変異はそれぞれの系統内で伝えられていくだけで、1つの個体に集まることはない。

いっぽう有性生殖では、遺伝子を混ぜ合わせて、新しい組み合わせを作る。したがって、別々の個体で生じた2種類の有利な突然変異を、1つの個体に集めることができる。これなら、同じ系統で両方の遺伝子に突然変異が起きるのを待つより、はるかに速い。有性生殖では、有利な遺伝子同士を一緒にすることもできるし、同じ原理で有利な遺伝子を有害な遺伝子から隔離することもできるのである。

このように、性があると、生物は素早く環境に適応することができると考えられる。性は進化速度を速めるのだ。これが、性が進化した理由というわけだ。じつにわかりやすいし、納得のできる説明だ。教科書にだって載っている。なるほど、これで性が進化した理由は完全に解明されたな、そんな気分になってくる。でも、何だか少し変な気がする。本当に、これでよいのだろうか。

性が進化した理由として、有利な遺伝子を素早く1つの個体に集められる、というこの説は「ブレイ村の牧師仮説」と呼ばれている。ブレイ村の牧師というのは小説に出てくる16世紀の牧師で、君主が代わるたびに、自分の信仰を変えるお調子者だ。でも、よく言えば、いつでも変化に対応できる人物ということだろう。このブレイ村の牧師仮説を検討するために、基本に戻って自然淘汰について考えてみよう。

自然淘汰はダーウィン以前から知られていた

自然淘汰が働くには2つの条件が必要だ。1つ目は、遺伝的変異があることだ。遺伝的変異とは、個体間の違いの中で遺伝するもののことである。たとえば、走るのが速い親から生まれた子に、やはり走るのが速い傾向があれば、それは遺伝的変異である。いっぽう、トレーニングで鍛えた筋肉は子に伝わらないので、それは遺伝的変異ではない。

2つ目は、遺伝的変異によって子の数に差があることだ。たとえば、走るのが遅い個体が産んだ子より、走るのが速い個体が産んだ子のほうが、たくさん生き残る場合だ。

この2つの条件が満たされれば、自然淘汰は自動的に働き始める。考えてみれば、自然淘汰なんて簡単だ。走るのが速いシカより、走るのが遅いシカのほうが、ヒョウに食べられて減っていく。そんなの当たり前ではないか。気づかないほうがおかしい。実際、その通りで、チャールズ・ダーウィン（1809～1882）以前から自然淘汰は知られていた。

紀元前のギリシアの哲学者であるアリストテレスも、自然淘汰に気づいていて、その仕組みを記している。とはいえ、アリストテレスは、種（しゅ）の永遠性を主張しているので、生物が進化するとは考えていなかったようだ。古代ギリシアにおいて、アリストテレスより200年ほど前のアナクシマンドロスや、アリストテレスとほぼ同時代のスペウシッポスが、生物が進化すると考えていたことを思うと、少し不思議な気もする。しかし、自然淘汰と進化を結びつけるのは、それほど簡単ではないのかもしれない。

自然淘汰は、大きく分けると2種類ある。安定化淘汰と方向性淘汰だ。安定化淘汰とは、平均的な変異を持つ個体が、子を一番多く残す場合だ。たとえば、いろいろな背の高さの個体がいる場合は、中ぐらいの背の高さの個体が有利になり、子をたくさん残すことになる。このように安定化淘汰は、生物を変化させないように働くのである。

いっぽう、方向性淘汰は、極端な変異を持つ個体が、子をたくさん残す場合だ。たとえば、背が高い個体は、ライオンを早く見つけられるので逃げられる確率が高く、子をたくさん残せるとする。この場合は、背の高い個体が増えていく。このように方向性淘汰は、生物を変化させるように、すなわち進化させるように働くのである。

じつは、19世紀のイギリスでは、ダーウィンが1859年に『種の起源』を出版する前から、安定化淘汰が存在することは広く知られていた。当時、進化論に反対していた有名なサミュエル・ウィルバーフォース主教（1805～1873）でさえ、安定化淘汰は認めていた。つまり当時の人々は、自然淘汰のことを、生物を進化させない力だと思っていたのである。ところが、反対にダーウィンは、自然淘汰を生物を進化させる力だと考えた。ダーウィンが再発見した自然淘汰は、方向性淘汰だったのである。

「進化速度は速ければよい」は間違い

ダーウィンが進化のメカニズムとして自然淘汰を再発見したのは、間違いなく偉大な業績であった。しかし、実際に自然界で働いている自然淘汰では、方向性淘汰よりも安定化淘汰のほうが、ずっと多いと考えられる。

私たちヒト（学名はホモ・サピエンス）は、約30万年前のアフリカで誕生した。おそらく、ハイデルベルク人という、すでに絶滅してしまった人類から進化したと考えられている。しかし、ヒトに進化してから後の約30万年間は、それほど形態が変化していない。もちろん、まったく変わっていないわけではないけれど、ハイデルベルク人からヒトに変化している時期に比べたら、この30万年間の変化はずっと遅い。それは、方向性淘汰よりも安定化淘汰のほうが強く働いていたからだろう。私たちはあまり変化しなくても、十分にうまくやってこれたのだ。

このように、進化速度は速ければよいというわけではない。安定化淘汰が強く働いていた期間は、むしろ進化速度が遅いほうが、あるいは変化しないほうが、よかったのだろう。しかも、方向性淘汰が働いている期間よりも、安定化淘汰が働いている期間のほうが、一般には長いと考えられている。それを考えると、ブレイ村の牧師仮説は少し変な気がする。なぜなら、ブレイ村の牧師仮説によれば、性が存在するのは進化速度を速くするためだからだ。

そのうえ生物は、進化速度を遅くするための仕組みも持っている。生物の遺伝情報は、おもにDNAによって子に伝えられる（ただし遺伝情報の一部は、染色体にあるタンパク質によって伝えられる）。このDNAに起きる突然変異が、進化のおもな材料となる。だから、他の条件が同じであれば、突然変異がたくさん生じるほど、進化速度は速くなっていくわけだ。

とはいえ、大部分の突然変異は、生物にとって有害だと考えられる。すでに生物の体は、かなりうまく機能的にできているので、その一部分を適当に変更すれば、たいてい機能が低下してしまう。もちろん機能が向上することもあるだろうが、それは、稀なできごとだ。

これは、事故などで大量の放射線を浴びてしまった場合を考えれば、納得できるだろう。大量の放射線は、DNAの突然変異を誘発する。その結果、ますます健康になる人など、まずいない。ほとんどの人は、有害な影響に苦しむはずだ。

しかし、放射線を浴びなくても、DNAに突然変異は起きる。もちろん、大量の放射線を浴びたときに比べれば桁違いに少ないけれど、ふつうに生活していても、突然変異は起きるのだ。たとえば、細胞分裂をするときには、突然変異が比較的起きやすいと考えられる。

そのため、生物は、突然変異率を下げる仕組みを持っている。細胞分裂をするときには、DNAを複製して、適切な量のDNAを娘細胞に分配しなくてはならない。この、DNAを複製するときに、エラーが起きやすい。つまり、突然変異が起きやすい。そのため細胞は、こうしたエラーを見つけて修復するメカニズムを備えている。そのため、私たちの細胞が分裂するときに生じるエラーは、ある見積もりでは、DNAの塩基10億個当たり1つに抑えられていると言う。これは恐ろしく低いエラー率である。

つまり生物は、進化速度を遅くするために、大変な努力をしているのだ。それなのに、わざわざ性を作って進化速度を速くしようとするなんて、おかしな話ではないだろうか。

性は進化速度を速くする？ 遅くする？

ブレイ村の牧師仮説によれば、性が存在すると、進化速度が速くなるのと同等の効果がある。もし性のない生物が有益な遺伝子を手に入れようと思えば、有益な突然変異が起きるのを待つしかない。しかし、性のある生物なら、有益な遺伝子を持つ個体と交配するだけでよい。そのほうが、ずっと早く有益な遺伝子が手に入る。ところが、これとは正反対の説もある。性があると、進化速度が遅くなるのと同等の効果があると言うのである。

生物の遺伝情報は、おもにDNAの塩基配列によって伝えられる。DNAというのは、物質の名前である。「この皿は銀でできている」というのと同じように、「遺伝子はDNAでできている」のだ。そしてDNAは、デオキシリボヌクレオチドという長い名前の物質がつながった、ひものような構造をしている。

この、DNAの構成単位であるデオキシリボヌクレオチドは、糖とリン酸と塩基という3つの部分からできている。このうち、糖とリン酸の部分は、どのデオキシリボヌクレオチドでも同じだが、塩基だけは4種類ある。それぞれのデオキシリボヌクレオチドは、アデニン（A）、グアニン（G）、チミン（T）、シトシン（C）という4種類の塩基のどれか1つを持っているのだ。

したがって、塩基だけに注目すれば、DNAの中で4種類の塩基が、たとえばAGCCT

A……のように、1列に並んでいることになる。この塩基の並び方が、遺伝情報になっているのである。

細胞の中では通常、DNAが2本平行に並んでいる。つまり、2本鎖の形で存在している。4種類の塩基のうち、AはTと、GはCと結合しやすいので、その規則にしたがって塩基同士が結合して、DNAを2本鎖にしているのだ。したがって、2本鎖のDNAの塩基配列は、お互いに相補的になっている。つまり、片方のDNAの塩基配列がAGGCT……であれば、もう一方のDNAの塩基配列はTCCGA……になっているのである。

ところで、DNAは、紫外線や化学物質によって、いつも壊れる危険に晒されている。そのため、DNAがある程度壊れることは避けられない。避けられないけれど、壊れたまま放っておくわけにもいかない。放っておけば、壊れた部位が少しずつ増えていき、ついにはDNA全体が使い物にならなくなってしまうはずだ。

そのため、壊れたところは修復しなければならない。そのときに、DNAが2本鎖であることが役に立つ。2本鎖のDNAの塩基配列は、お互いに相補的になっているので、片方のDNAの一部が壊れても、もう一方のDNAの塩基配列を参照すれば、元通りに直すことができるからだ。しかし、2本鎖の同じ部位が両方とも壊れてしまった場合は、どうしたらよいだろうか。

私に「更科蕎麦」のDNAはどれだけ受け継がれているか

私の名字は更科である。この「更科」というのは江戸時代から続く蕎麦屋の屋号でもあり、蕎麦御三家の1つらしい（他の2つは「藪」と「砂場」だそうだ）。私が子どものころには、たまに間違い電話が掛かってきて、蕎麦の注文をされることがあった。私の家は蕎麦屋ではないのだが、「更科」という名字を電話帳か何かで見て、蕎麦屋と勘違いして電話を掛けてきたのだろう。最近は個人の電話番号が載っている電話帳というものがほとんどないので、そういうこともなくなったけれど、「実家はお蕎麦屋さんなの？」とか「先祖は蕎麦屋か？」とか聞かれることは、今でもたまにある。

私の家は由緒のない家柄で、私が知っている先祖は、祖父母までだ。曾祖父や曾祖母については名前も知らないし、墓がどこにあるのかも知らない。だから、先祖が有名な蕎麦屋だったという可能性は低い。そもそも江戸で更科蕎麦の店を始めた人の名字は「更科」ではないようだし。ということで、私の先祖の名字が、なぜ「更科」になったのかはわからない。

おそらく蕎麦屋の隣に住んでいたからとか、蕎麦が好きだったからとか、そんな理由ではないだろうか。

　まあ、それはともかくとして、仮に私の先祖が２５０年前に江戸で蕎麦屋を創業したとしよう。その場合、蕎麦屋の創業者のＤＮＡは、どのくらい私に受け継がれているだろうか。私たちのＤＮＡは約60億の塩基対（つい）を含んでおり、それが46本に分かれて、細胞の核の中に入っている。この46本は、タンパク質などと結合して染色体という構造を作っている。

　この染色体が２本並んで、その一部を交換することを組換えと言う。精子や卵を作るときに、この組換えが起きる。しかし、まずは単純に考えるために、組換えは起こらないと仮定しよう。その場合、私の46本のＤＮＡは、組換えによって変化することはない。ずっと同じＤＮＡのままである。

　私は、母親と父親から23本ずつＤＮＡを受け継いでいる。さらに、母親について考えると、母親は祖母と祖父から23本ずつ、合わせて46本のＤＮＡを受け継いでいる。その46本の中から23本を私に受け渡した。その23本のうちの何本が祖母から来たもので、何本が祖父から来たものかは偶然による。祖母から10本で祖父から13本かもしれないし、祖母から12本で祖父から11本かもしれない。とにかく私の46本のＤＮＡは、両親を越えて、４人の祖父母それぞれから11本ぐらいずつ受け継いだものになっている。

私の1代前の先祖（つまり両親）は2人、2代前の先祖（つまり祖父母）は4人、3代前の先祖（つまり曾祖父母）は8人である。このように、代を遡るにつれて2倍ずつ先祖が増えていくとすれば、10代前の先祖は1024人になる。でも私のDNAは46本しかないので、この1024人のうち、多くても46人からしか私はDNAを受け継ぐことができない。つまり、ほとんどの先祖からDNAを受け継いでいないのだ。しかし、組換えが起きると、DNAを受け継ぐ先祖の数は、大幅に増えることになる。

500年前の先祖から受け継いでいるDNAはほぼゼロ？

さきほど述べたように、染色体が2本並んで、その一部を交換することを組換えと言う。交換されるのは通常、染色体のDNAの対応する部分である。精子や卵を作るときに、この組換えが起きる。女性が卵巣の中で卵を作るときには、45回ぐらい組換えが起き、男性が精巣の中で精子を作るときには、26回ぐらい組換えが起きる。両方を合わせると、1世代のあいだに71回ぐらいの組換えが起きることになる。

1本の染色体が組換えを起こして（たとえ形のうえではつながっていても）2つのピースに分かれれば、それぞれのピースは別々の先祖から受け継がれたものになる。つまり1本の染色体の中に、母親から来たDNAと父親から来たDNAが混在するようになる。さらに、そのピースが経験してきた歴史を考えると、そのピースの中には祖父母や曾祖父母のDNAも混在していることになる。そういう意味では、組換えが1回起きることは、染色体が1本増えることに相当するのだ。

少しややこしくなったので、具体的に考えよう。私は46本の染色体を持っている。しかし、父母の世代の卵と精子で71回の組換えが起きているとすると、私の染色体は46＋71＝117個のピースに分かれている。したがって、私は父母の世代の最大117人からDNAを受け継ぐことができる。とはいえ、私の父母は合わせて2人しかいないので、実際には117ピースのすべてを2人から受け継いでいる。母親から61ピース、父親から56ピースとか、そんな感じだろう。

それでは、少し世代を遡ってみよう。1世代遡るごとに、ピースは平均して71個ずつ増えていく。つまりDNAを受け継ぐことのできる人数が、71人ずつ増えていくわけだ。

さて、仮に私の先祖が250年前に江戸で蕎麦屋を創業したとして、その人のDNAは、

世代とDNAを受け継げる人数

世代	先祖の人数	ピースの数（DNAを受け継げる人数）
1代前（父母の世代）	2	117
2代前（祖父母の世代）	4	188
3代前（曾祖父母の世代）	8	259
⋮	⋮	⋮
10代前	1,024	756
⋮	⋮	⋮
15代前	32,768	1,111
⋮	⋮	⋮
20代前	1,048,576	1,466

どのくらい私に受け継がれているだろうか。人間の1世代を25年とすると、250年前は10代前になる。その時代の私の先祖は1024人いて、その中の1人だけが蕎麦屋の創業者だ。ところが、その時代以降の組換えを合わせても、私のDNAは756ピースしかない。つまり、1024人の先祖全員からDNAを受け継ぐことはできないのだ。したがって、蕎麦屋の創業者からは、ほんの少しだけDNAを受け継いでいるかもしれないし、まったく受け継いでいないかもしれないということになる。

ところで、さらに時代を遡ったら、どうなるだろうか。500年前、つまり20代前の先祖は100万人以上いる。その中でDNAを受け継ぐことができる人数は、1500人にもならない。0・2パーセント以下である。

もちろん、この計算は、現実を単純化しすぎている。実際には、いとこ同士やはとこ同士で結婚することもあるので、先祖の数はもっと少なくなるはずだ。とはいえ、おおまかな傾向として、以下のことは言えるだろう。それは、500〜600年以上も前の先祖からは、たとえ直系の先祖であっても、DNAを受け継いでいる可能性はほとんどないということだ。

遺伝子修復説――性の起源はDNAの修復にある？

さて、組換えの話で寄り道をしてしまったが、この組換えが性の起源に関係している可能性がある。

DNAが破損した場合、片方のDNAが壊れただけなら、もう一方のDNAの塩基配列を参照しながら直すことができる。しかし、2本鎖の同じ部位が両方とも壊れてしまった場合は、どうしたらよいか。それは、（少し複雑になるが）別の染色体とのあいだで組換えをすればよいのである。

この2本鎖を修復するときの組換えと、精子や卵を作るときの組換えは、ほとんど同じメカニズムで行われる。したがって、両者は共通の起源を持つ可能性が高い。おそらく、DNAの修復システムが別の用途に使い回されることによって、性が誕生したのではないだろうか。

この遺伝子修復説は、それなりに説得力がある。たしかに性の起源には、DNAの修復システムが関係している可能性が高い。しかし、それはかならずしも、現在の性がDNAの修復のために存在することを意味しない。起源は同じでも、別々の用途のために別々の進化の道を進むことはよくある。遺伝子修復説は、性があるとなぜ有利なのか、という点については、あまり説明してくれないのである。

たとえば、もし性がDNAの修復のために予備のDNAを用意しておくためだけのものなら、できるだけ近縁な者を交配する相手に選ぶはずだ。でも、実際にはそうではない。

とはいえ、たしかにDNAは生物にとって重要なものだ。したがって、そのDNAがダメージを受けることが、生物にとって大きな問題であることは間違いない。その問題を解決するためには、DNAを修復する以外の方法もある。性は、その別の方法に関係しているのかもしれない。

マラーのラチェット――有害な突然変異は蓄積する

生物の体は、うまく機能するようにできている。そのため、遺伝子に突然変異が起きて、生物の体の一部が変化したときに、体の機能がさらに向上する可能性はほとんどない。たいてい、体の機能は低下するだろう。突然変異の大部分は、有害な突然変異なのだ。

しかし、生物には自然淘汰が作用している。自然淘汰には、適応力の低い個体を除去する働きがある。したがって、有害な突然変異を持つ個体は除去されて、その結果、有害な突然変異自身もなくなっていくことになる。

これなら、有害な突然変異が起きても心配なさそうだ。いや、有害な突然変異が起きた個体にとっては気の毒なことだけれど、集団全体で考えれば、有害な突然変異は消えていく運命にあるのだから。

でも、少し落ち着いて考えてみよう。本当に、そうだろうか。

性がなくて分裂だけで増えていく生物がいたとしよう。その生物集団の中に、有害な突然変異をまったく持っていない個体が何匹かいたとする。こういう個体は、その集団の中で、もっとも適応した個体になる。

しかし、この有害な突然変異をまったく持っていない個体が、偶然失われてしまう可能性はゼロではない。ついに突然変異が起きて、有害な突然変異を1つ持つ個体になってしまうかもしれない。たまたま天災が起きて、有害な突然変異をまったく持っていない個体が全滅することだって、ありえる。その結果、有害な突然変異をまったく持っていない個体が一度失われてしまえば、ふたたび現れることはない。そのときは、有害な突然変異を1つだけ持っている個体が、もっとも適応した個体になる（それぞれの突然変異による適応度の低下の程度は等しいとする）。

その後は、同じことの繰り返しだ。この有害な突然変異を1つだけ持っている個体が、偶然失われてしまう可能性はゼロではない。そして、一度失われてしまったら、有害な突然変異を1つだけ持っている個体が、ふたたび現れることはない。そのときは、有害な突然変異を2つだけ持っている個体が、もっとも適応した個体になる。こうして、性のない生物には、有害な突然変異が蓄積されていくのである。

以上に述べた、性のない生物における有害な突然変異が蓄積されていくプロセスは、これを最初に指摘したアメリカの遺伝学者、ハーマン・J・マラー（1890〜1967）にち

ラチェット

ラチェットは、片方にしか回らない歯車である。歯車が矢印の向きに回るときは、爪が歯車の歯を乗り越えられる。しかし、歯車を反対向きに回そうとすると、爪が歯に食い込むので、回らない

なんで、「マラーのラチェット」と呼ばれている。

ラチェットというのは、片方にしか回らない歯車のことである。歯車が矢印の向きに回るときは、爪が歯車の歯を乗り越えられるので、歯車を回すことができる。しかし、歯車を反対向きに回そうとすると、爪が歯に食い込むので、歯車を反対向きに回すことはできない。性のない生物において、突然変異が1つずつ着実に蓄積していくプロセスを、ラチェットが爪で歯を1つずつ越えながら、決して戻ることなく着実に進む様子になぞらえたのである。

ところが、性が存在すれば、生物はマラーのラチェットから逃れられる可能性がある。

交配することによって、有害な突然変異を持つ遺伝子を、それを持たない遺伝子と交換することができるからだ。そうすれば、ある個体に有害な突然変異を集める代わりに、他の個体から有害な突然変異を減らすことができる。たとえば、集団の中でもっとも適応した個体を、有害な突然変異を1つだけ持っている個体から、有害な突然変異をまったく持っていない個体へ戻すこともできる。いわば、ラチェットを逆回転させることができるのである。

ラチェットの回転は遅くするだけでも意味はある

マラーのラチェットが働いている証拠は、生物やウイルスでいくつも得られており、実際にマラーのラチェットという現象が存在することは、ほぼ疑いない。しかし、それが性の存在理由を説明しているかどうかは、また別の問題である。

さきほど述べたように、生物には自然淘汰が働いており、これは性があってもなくても作用する。しかし、性がない場合、自然淘汰にできることは、有害な突然変異が多い個体を除き、有害な突然変異が少ない個体を残すことだけである。集団の中でもっとも適応した個体が、有害な突然変異を1つだけ持っている個体なら、自然淘汰はそれを残すように作用する。だが、有害な突然変異を1つだけ持っている個体を、有害な突然変異をまったく持っていない個体へ戻すことはできない。つまり、ラチェットの回転を遅くするだけで、逆回転させることはできないのだ。

しかし、もしかしたら、回転を遅くするだけでも意味はあるのかもしれない。回転を遅くすれば、有害な突然変異が広がりにくくなるし、滅多に起きないにせよ有害な突然変異を修復する突然変異や有益な突然変異が広がりやすくなるからだ。これらの問題については、いくつかの研究があり、個体数や遺伝子数や突然変異率などを変化させて、性が存在する理由を見つけようとしている。だが、はっきりした結果は得られていないようだ。有害な遺伝子を除去するために、性が何らかの役割を果たしていることは確からしいのだが、それが有性生殖の2倍のコストを上回るとまでは言えないようだ。

生物の進化を「転がるボール」にたとえてみたら?

こんな場面を想像してみよう。地面のところどころに穴のある広場を、ボールが転がっていく。もちろん、ボールは高いところから低いところへ転がっていく。もし穴へ落ちたら、そのまま穴の底で止まってしまう。

　これは進化のたとえである。ボールは生物だ。そして地面の高低は適応度である。適応度というのは、自然淘汰を受けたときにどのくらい有利か不利かを示す値だ。ここでは低い地面を適応度が高い状態とし、高い地面を適応度が低い状態としよう。地面の高低と適応度の高低が逆さまなので、これを逆適応度地形と呼ぶことにする。

　ボールは重力によって、地面の低いところへ転がっていく。それは、生物が自然淘汰によって、適応度の高い状態へと進化していくことを示しているわけだ。

　ちなみに、逆適応度地形の水平方向は、生物の特徴である。ボールが水平方向に転がることは、生物の特徴が変化することを示している。生物の特徴という表現はあいまいなので、具体的に生物の表現型とか遺伝子型と考えてもかまわない。要するに、ボールが転がることは生物が進化することだ。

　さて、ボールが次ページの図のBにあるとしよう。Bの左右にはAやCという穴がある。穴の底は適応度が高い状態なので、ボールは穴の底に向かって転がっていくだろう。ところで、Aの穴はCの穴よりも深いので、Aの底はCの底よりも適応度が高い状態だ。ということは、ボールはCでなくAに落ちたほうが、より適応度が高くなれる。だから、ボールにと

逆適応度地形

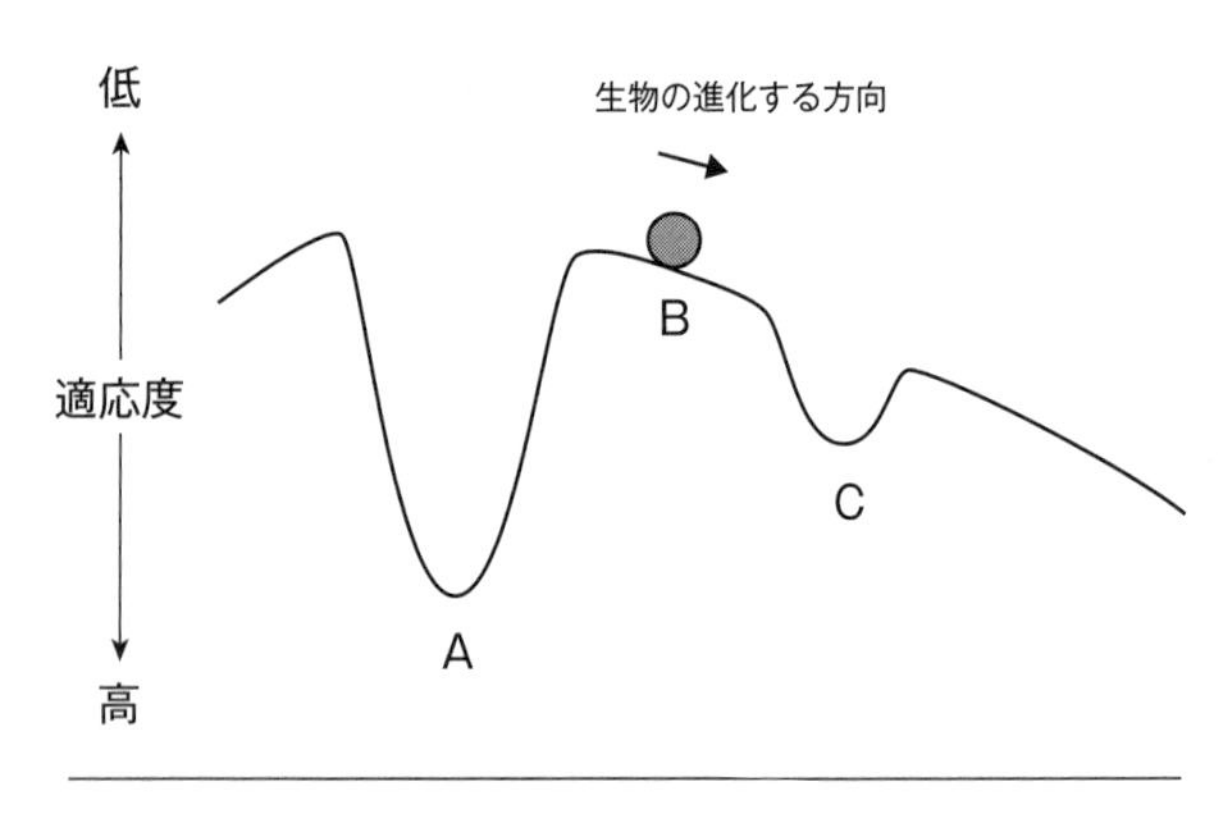

ボールが低いところへ転がっていくように、
生物は自然淘汰によって適応度が高い状態に進化していく

っては、Ａに落ちたほうが、都合がよいはずだ。しかし、残念ながら、そうはいかない。ボールはＣに落ちてしまうのである。

なぜなら、今、ボールがあるＢは、坂の途中だからだ。坂は右向きに低くなっている。だから、ボールは右向きに転がってしまうのだ。もしも、ほんの少しだけ左向きに転がれば、Ｃよりも深いＡに落ちることができるのに……。でも、ボールは目先のことしか考えない。将来を予想したりしない。今、右向きの坂にいれば、右向きに転がっていくのである。

すぐ左には素晴らしい世界が広がっていようと、右には地獄の苦しみが待っていようと、そんなことは関係ない。今、右向きの坂にいれば、右向きに転がっていく。それがボールであり、そして生物の進化なのだ。

「一見、正しそう」な有性生殖と無性生殖の話

さて、性が進化した理由として、3つの説を紹介してきた。有利な遺伝子を1つの個体に素早く集められるという「ブレイ村の牧師仮説」と、DNAの2本鎖の同じ部位が両方とも壊れたときに修復できるという「遺伝子修復説」と、有害な突然変異が蓄積していくのを防ぐことができるという「マラーのラチェット」の3つである。これらの3つの説には共通した問題がある。それは、目先の短期的な利益ではなく、長期的な利益を追求している点だ。

たとえばブレイ村の牧師仮説を例にして、こんなストーリーを考えてみた。しかし、このストーリーには、おかしなところがある。それは、どこだろうか。

むかし、ある島に、有性生殖をする生物が棲んでいました。1年に1回交配して、メスが子を1匹産む生物です。そこへ、ある年の初めに、無性生殖をする生物が、海を越えて移住してきました。1年に1回分裂する生物です。そして、2種類の生物は、とくに争うことも

なく、共存するようになりました。

共存するようになってから10年後に、有性生殖をする生物の1匹に、突然変異が起きました。遺伝子aが有利な遺伝子Aに変化したのです。ところがほぼ同じ時期に、まったくの偶然ですが、無性生殖をする生物の1匹にも、同じ突然変異が起きました。つまり、有性生殖をする生物の中にも、無性生殖をする生物の中にも、Aという有利な遺伝子が存在するようになったのです。

それからさらに10年が経ったとき（つまり無性生殖をする生物が移住してきてから20年目）、有性生殖をする生物の1匹に、別の突然変異が起きました。遺伝子bが有利な遺伝子Bに変化したのです。ところがほぼ同じ時期に、これも偶然ですが、無性生殖をする生物の1匹にも、同じ突然変異が起きました。そうして、有性生殖をする生物の中にも、無性生殖をする生物の中にも、AとBという2つの有利な遺伝子が存在するようになったのです。

さて次の年に（つまり無性生殖をする生物が移住してきてから21年目に）、有性生殖をする生物の中で、Aを持つ個体とBを持つ個体が交配して、子が生まれました。その子は首尾よくAとBの両方の遺伝子を持っていたので、とても有利な個体でした。その後、いろいろなことがありました。AとBを両方持っている個体と、両方持っていない個体が交配して、せっかく1つの個体に集まったAとBが、ふたたびバラバラになることもありました。それでも、ふたたびAとBが1つの個体に集まることもあって、だんだんAとBを両方持っている個体が増えていきました。

いっぽう、無性生殖をする個体は交配をしませんから、AとBを1つの個体に集めることができません。AとBを両方持つ個体が現れるためには、Aを持つ個体にbがBになる突然変異が起きるのを待つか、Bを持つ個体にaがAになる突然変異が起きるのを待つしかありません。でも、それには長い時間がかかります。やはり、無性生殖よりも有性生殖のほうが有利なのです。

「将来の備え」は進化の理由になるか？

このストーリーはブレイ村の牧師仮説を説明したもので、無性生殖よりも有性生殖のほうが有利だと主張している。10年目にaがAになる突然変異が起きて、20年目にbがBになる突然変異が起きて、そして21年目以降に、有性生殖をする生物では、AとBを両方持つ個体が現れ始めるというわけだ。

たしかに、生物の集団の中に、Aを持つ個体とBを持つ個体がすでにいるなら、それを1つの個体に集めるためには、無性生殖より有性生殖のほうが便利だろう。突然変異が起きるのを待つより、交配するほうが、どう考えても速いからだ。でもそれは、Aを持つ個体とBを持つ個体がすでにいる場合の話だ。つまり、21年目以降の話である。無性生殖より有性生殖のほうが有利だという意見には、20年目までのことが考慮されていない。それでは、20年目までは、どうなっているのだろうか。

有性生殖の生物は、オスとメスのあいだに、1年に1匹、子が生まれる。もしも、毎年すべてのオスとメスが交配して、すべてのメスが子を産むとすると、20年間に約３３００倍まで増えることができる。これは一見多そうに見えるけれど、無性生殖の生物に比べれば、微々たる増加にすぎない。無性生殖の生物は、1年に1回分裂するので、20年間で１００万倍以上に増えることができるからだ。これでは勝負にならない。

島の広さには限りがある。だから、島で暮らせる生物の数にも限りがある。有性生殖の個体も無性生殖の個体も生き延びる確率が同じなら、有性生殖の生物は、たちまち無性生殖の生物の数に圧倒されて、絶滅してしまうだろう。21年目以降には勝てるかもしれないけれど、それまでの20年間に絶滅してしまえば元も子もない。

つまり、ブレイ村の牧師仮説では、性というややこしいものを作る理由は、将来のための準備だ、と言うのである。性なんてものがあるために、有性生殖の生物は、じっと我慢の日々を過ごさなくてはならない。でも、いつの日か、首尾よく突然変異が起きて、有利な遺伝子が揃った暁には……そのときには、無性生殖の生物なんか、蹴散らしてやる。有性生殖の勝利が訪れるのだ。

だけど、そんな有性生殖が進化するはずはないのだ。だって、自然淘汰は目先のことしか考えないのだから。

このブレイ村の牧師仮説と同じ問題が、遺伝子修復説とマラーのラチェットにも存在する。性が存在する理由は、遺伝子修復説の場合は「DNAの2本鎖が両方とも壊れたときのための準備」であり、マラーのラチェットの場合は「有害な突然変異が蓄積しないための準備」である。つまり将来のための準備であって、目先の問題の解決に役立つわけではない。こういう特徴が進化することは考えにくい。

ただし、注意しなくてはならないことがある。これらの説が、性が存在する理由を説明できないからと言って、これらの説の論理が間違っていることにはならない。もしも集団の中に有利な突然変異が2つあったなら、交配することによって2つの突然変異が1つの個体に集められることは実際にあるだろう。そしてそれは、その個体にとって有利なことにちがいない。また、マラーのラチェットに当てはまる現象は、ハエやウイルスなどで実際に確認されている。だから性には、有害な遺伝子が蓄積するのを防ぐ効果が、実際にあるのだろう。

しかし、性が何かの役に立つからと言って、それが性の生まれた理由とは限らない。太陽は植物が光合成をするために必要なエネルギーを与えてくれるけれど、だからと言って太陽は、植物のために生まれたわけではないのである。

第2章

「赤の女王仮説」とは何か

捕食者より断然怖い「寄生者による死」

何十年も前の話だが、私は山口県の秋吉台(あきよしだい)の化石を調査したことがあった。秋吉台は、水に溶けやすい石灰岩でできた大地である。そのため、雨水などで浸食されて作られた特徴的な地形がいろいろと見られる。観光するには楽しいところだが、道路を外れて歩くと危険な場所でもある。

観光地になっていないところは木々がうっそうと茂り、昼間でもほの暗い。歩いていくと、その木々のあいだに、突然大きなゾウのようなものが現れる。近づいてみれば、それは大きな石灰岩柱であった。

また、すり鉢状の窪地(くぼち)も、ところどころに見られる。これはドリーネと呼ばれる地形で、直径が数十メートルあるものも珍しくない。底は泥がたまって平らになっている。泥は固まっていて、木もたくさん生えているけれど、その下には石灰岩の大きな穴が口を開けていると思うと、よい気持ちはしない。

また、ところどころに直径1メートルほどの竪穴(たてあな)が開いており、こちらのほうがドリーネより危険らしい。ドリーネと違って、小さな竪穴は気づきにくいので、ヒトが落ちてしまうこともあると言うのだ。

しかし、何といっても一番気をつけなければいけなかったのは、マムシだった。マムシは毒蛇なので、嚙まれたらやっかいなことになる。足回りは頑丈な長靴などで保護していたのだが、（許可をもらっていたので）岩石をハンマーで叩くと、岩のすき間から飛び出してくるのには閉口した。

結局、私は、大きな怪我をすることもなく済んだけれど、もし北海道などの調査であれば、さらに危険だ。ヒグマなどに気をつけなければならないからだ。そして、もちろん海外にまで目を向ければ、もっと危険な生物がいくらでもいるだろう。

これらのような、私たちが遭遇する危険には、非生物的なものより、生物によるもののほうがずっと多い。つまり、穴に落ちた人より、マムシに嚙まれた人のほうが多いということだ。もちろん、非生物的な危険は、穴に落ちることだけではない。川に落ちて溺れることもあるだろうし、寒くて凍えることもあるだろう。旱魃によって食べ物がなくなることもあるだろう。でも、それらをすべて合わせたものよりも、生物による危険のほうがさらに多いのである。

生物による危険の中で、おもなものは2つだ。捕食者によるものと寄生者によるものだ。小さな魚が一生を終える場所は、たいてい大きな魚の口の中である。森の中で木が倒れるときは、たいていすでに菌類などに蝕(むしば)まれている。生物の死のほとんどは、捕食者か寄生者によるものなのだ。

さらに言えば、捕食者による死より、寄生者による死のほうが深刻である。その理由は2つある。1つ目は、寄生者のほうが数が多いからだ。

寄生者の中でも、いわゆる感染症を引き起こす寄生者は、とても危険な存在である。1つの例にすぎないが、歴史上ほぼ同じ時期に起きた第一次世界大戦とスペイン風邪による死者数を比べてみよう。第一次世界大戦による戦死者は約1000万人で、民間人の死者を合わせると約1600万人になるという推定がある。いっぽう、スペイン風邪による死者は世界保健機関(WHO)によれば4000万人(他の推定では5000万人あるいは1億人)で、第一次世界大戦による死者よりはるかに多い。第一次世界大戦ほどの大きな戦争による死者よりも多くの犠牲者を、感染症は出せるのである。捕食者には、そういうことはできない。短期間のあいだに、クマやサメに何千万人ものヒトが食べられるということは、ちょっと考えられないだろう。

細菌・ウイルスの進化速度にヒトは勝てない

生物にとって最大の敵は、非生物的な環境ではなくて生物的な環境、つまり他の生物である。そして、他の生物の中では、捕食者より寄生者のほうが深刻な敵である。その理由の2つ目は、寄生者のほうが進化速度が速いからだ。

私たちは、しばしば細菌やウイルスなどの寄生者に感染して、病気になる。ヒトのように寄生される側の生物を宿主(しゅくしゅ)と言う。寄生者に感染した宿主は、もし何もしなければ、体を寄生者の好き放題にされて死んでしまう。それでは困るので、宿主は寄生者に対する防御システムを進化させている。

しかし、防御システムを進化させられたら、今度は寄生者が困ってしまう。そこで寄生者も、宿主の防御システムを突破する対抗策を進化させることになる。しかし、そんな対抗策を進化させられたら、今度は宿主が困ってしまう。そこで、宿主はさらに進化して、その結果、寄生者もさらに進化して……さて、この勝負はどうなるのだろうか。

じつは、この勝負は、細菌やウイルスなどの寄生者の勝利に終わるはずだ。なぜなら、私たちよりも細菌やウイルスのほうが、進化速度がずっと速いからだ。

進化速度が速い理由はいくつかあるが、その1つは、世代交代が速いからだ。世代交代をするときには、かならずDNAの複製が起きる。そして、このDNAが複製されるときに、突然変異が起きることが多いのだ。ヒトが子を産むのは、20～30歳ぐらいが多い。でも、たとえば大腸菌は、栄養などの条件がよければ約20分に1回分裂する。つまり、単純に考えれば、大腸菌はヒトの約50万倍の速さで進化できることになる。

さらに、DNAの複製時におけるエラーも、私たちより大腸菌のほうが多い。エラーと言っても、たまには有益なエラーもある。そういうエラーは、自然淘汰によって集団の中に広がっていく。つまり、エラーが多いほうが有益なエラーも多くなり、進化速度は速くなる。その結果、私たちと大腸菌の進化速度の差は、ますます広がることになる。

これでは、全然かなわない。私たちがのんびりと防御システムを改良しているあいだに、細菌やウイルスたちはその何百万倍、何千万倍の速さで対抗策を進化させてしまうのだから。その結果、私たちの防御システムは細菌やウイルスたちに突破されまくり、私たちの体は細菌やウイルスまみれになり、そして私たちは絶滅してしまう……。

なぜ進化速度の速い寄生者によってヒトは絶滅しないのか

でも、なぜか私たちは生きている。細菌やウイルスに感染して命を落とすこともあるけれど、健康を回復することも多いし、私たちヒトという種が感染症によって絶滅する心配は、今のところなさそうだ。

考えてみれば、これは不思議な話である。だって、どんな防御システムを進化させたところで、たちまち細菌やウイルスに突破されるはずだからだ。それなのに、なぜ私たちの防御システムは有効なのか。それを検討するために、私たちの防御システムである免疫について考えてみよう。

免疫は、体に侵入してきた細菌やウイルスなどの病原体を、認識して攻撃する。認識する方法の1つとして、主要組織適合遺伝子複合体（ＭＨＣ：major histocompatibility complex）を使う方法がある（このＭＨＣは遺伝子を指す場合と、その遺伝子をもとに作られるタンパク質を指す場合の両方があって紛らわしいので、ここではＭＨＣ遺伝子あるいはＭＨＣタンパク質と書いて区別することにする）。

MHCタンパク質は、宿主の細胞内にある。そして、たとえばウイルスのように、細胞の中に侵入してきた病原体の一部分と結合する。いっぽう、多くの細菌のように、宿主の細胞の外にいる病原体の場合は、病原体の一部分を細胞内に取り込んでから、MHCタンパク質と結合させる。

病原体の一部分と結合したMHCタンパク質は、細胞の表面に移動して、細胞膜を貫通するタンパク質となる。MHCタンパク質の、細胞膜の外側に出ている部分に、病原体の一部分（これを抗原と言う）は結合している。つまり、MHCタンパク質は、細胞の外側に抗原を提示している。この提示された抗原と、免疫細胞の1つであるT細胞が結合する。こうして抗原を認識すると、T細胞は増殖して、提示された抗原と同じ抗原を持つ病原体を攻撃し始めるわけだ。

MHC遺伝子がヒトの多様性を担保している

以上に述べたように、T細胞が病原体を攻撃するには、その前段階としてMHCタンパク質が病原体と結合することが必要である。しかし、1種類のMHCタンパク質は、限られた種類の病原体としか結合できない。そこで、私たちは体の中で複数のMHCタンパク質を作って、さまざまな病原体に対処している。

またMHC遺伝子には、非常に多くの対立遺伝子がある。たとえば、あるMHCタンパク質の一部分を決める（コードする）3つの遺伝子（ヒトのMHCクラスIのα鎖をコードする3つの遺伝子、HLA-A、HLA-B、HLA-C）には、それぞれ200〜700種類の対立遺伝子があるとされている。しかし、1人のヒトが1つの遺伝子について持つ対立遺伝子は（両親から1つずつ受け継ぐので）2つである。このため、MHC遺伝子やMHCタンパク質には大きな個人差がある。たとえば、ワクチンを接種しても効かない人がいる。その原因の1つとしては、抗原とうまく結合するMHCタンパク質を持っていないことが考えられる。

このように、1人のヒトが対処できる病原体には限界があるが、ヒトという種全体ではきわめて大きな多様性が存在する。そのため、両親から異なるMHC対立遺伝子を受け継いだほうが、さまざまな病気に抵抗性を持つことができると考えられる。実際にマウスなどの哺乳類や鳥類や爬虫類、そして魚類でも、自分とは異なるMHC対立遺伝子を持つ異性を好むことが報告されている。

自分と異なるＭＨＣ遺伝子を持つ異性を好む？

「汗臭いＴシャツ実験」という有名な実験がある。スイスのベルン大学の生物学者であるクラウス・ヴェーデキントらが１９９５年に報告した、以下のような実験だ。44人の男性に２晩続けて同じＴシャツを着てもらう。そのＴシャツの匂いを49人の女性に嗅がせて、どの男性の匂いが好みかをランク付けしてもらうのだ。その結果、女性たちは、自分とかけ離れたパターンのＭＨＣ対立遺伝子を持つ男性の匂いを好んだのである。なんだか怪しげな実験だが、他の研究者による追試も行われており、結果についてはそれなりに信頼できそうだ。

しかし、いっぽうで、女性は自分の父親に似た匂いを好むという結果も報告されている。自分の父親とはＭＨＣ対立遺伝子のパターンが似ているはずなので、これは汗臭いＴシャツ実験とは正反対の結果である。さらに、男女のカップルのＭＨＣ対立遺伝子のパターンを調べたいくつかの研究では、カップルのＭＨＣ対立遺伝子のパターンにはかけ離れたものが多いという結果も出ているけれど、とくにそういう傾向はないという結果も出ている。

ヒトについては文化などの影響もあるので、結論には慎重になる必要がある。しかし、一般的に、ＭＨＣ遺伝子を持つ脊椎(せきつい)動物では、ＭＨＣ対立遺伝子のパターンがかけ離れた異性を好む傾向があると言ってよさそうだ。

赤の女王仮説――たえず新しい遺伝子型を作り出す

さて、免疫システムの例としてＭＨＣの話をしてきたが、それは、なぜ私たちは寄生者によって絶滅しないのかを考えるためだった。

ウイルスや細菌などの寄生者は、私たちより進化速度が桁違いに速い。そのため、私たちがいくら防御システムを進化させても、無駄なはずだ。寄生者は、それを突破する対抗策を、あっと言う間に進化させてしまうからだ。それなのに、実際には、私たちは絶滅しないで生きている。それはなぜだろうか。

その答えの1つは、有性生殖を行うことである可能性が高い。有性生殖なら、世代ごとに新たな対立遺伝子の組み合わせが生じ、多くの遺伝的変異が作り出されるからだ。

仮に、ある生物（父親）のＭＨＣタンパク質に結合されないように進化した細菌がいたとしよう。その細菌はその個体のＭＨＣパターンをうまく避けるように進化しているので、個体のT細胞は細菌に感染されまくって瀕死（ひんし）の状態だ。こういう状況で、もしMHCパターンが同じ子が生まれたら、その子の未来は暗いものになるだろう。

しかし、有性生殖をすれば、未来は明るくなる。その子のMHCパターンは、父親と母親のパターンが混合したものとなる。つまり、父親のMHCパターンとはかなり異なるものになる。そのため、父親のMHCパターンをうまく避けるように進化した細菌も、子のMHCパターンには捕まってしまうことが十分に考えられる。そのときは、T細胞が細菌を退治してくれるだろう。

つまり「無性生殖に比べて2倍のコストがかかるにもかかわらず、性が維持されている理由は、宿主よりも進化速度が速い寄生者に対抗するうえで、有性生殖はたえず新しい遺伝子型を作り出す点において、無性生殖より有利なためである」ということだ。この説は「赤の女王仮説」として知られている。

この名称は、ルイス・キャロルの『鏡の国のアリス』の登場人物「赤の女王」に由来する。女王はアリスをむやみに走らせてから、こう言った。「この国ではね、同じ場所にいるためには、思い切り走り続けなければいけないのよ」

さて、なぜこの説を赤の女王仮説と呼ぶのか、少しわかりにくいかもしれないので、簡単に説明しておこう。

生物を取り巻く環境を、物理的環境（＝非生物的環境）と生物的環境に分けて考える。もし、生物の進化に物理的環境が重要で、かつ物理的環境が変化しなければ、生物は環境に適応し切って進化が停止する、という考えがある。

いっぽう、それに対立する考えもある（赤の女王仮説はこちらの考え方だ）。さまざまな生物はお互いに競合的な関係にあり、ある生物が有利になると、そのぶん別の生物が不利になることが多い。一般に生物は自分が有利になるように進化し続けるため、ある生物から見れば、周囲の生物的環境はつねに悪化し続けている。そのため、たとえ物理的環境が一定でも、生物を取り巻く環境はつねに悪化し続けることになる。

したがって、何もしなければ、生物は絶滅してしまうのだ。絶滅しないためには、環境の悪化に対抗するように、生物も進化し続けなければならない。今より繁栄しようと思わなくても、現状を維持するためだけでも、生物は進化し続けなくてはならない。こういう生物の運命を、赤の女王の「同じ場所にいるためには、思い切り走り続けなければいけない」という言葉に重ねたのである。

寄生者は「性の進化」を促している？

赤の女王仮説で説明できる現象が自然界で起きていることは、いくつもの研究で実証されている。その中でも、ニュージーランドの巻貝で行われた研究は有名である。*

米インディアナ大学のカート・ライブリーは、性に関する2つの仮説を検証するために、ニュージーランドで研究を行った。1つ目の仮説は「個体密度が低い集団では無性生殖が多い」という仮説だ。これは、個体密度の低い集団では交配する相手がなかなか見つからないので、有性生殖は難しいだろうということだ。この仮説が正しければ、集団の個体密度が低くなるほど、無性生殖の割合が多くなるはずだ。

2つ目の仮説は「赤の女王仮説」である。寄生者に対抗するために有性生殖が進化した、という仮説なので、寄生者がいないところでは有性生殖は進化しないと考えられる。つまり、この仮説が正しければ、寄生者による感染が多い集団ほど、有性生殖の割合が多くなるはずだ。

ニュージーランドが原産の淡水性巻貝コモチカワツボは、現在では外来種として世界に広く分布している。このコモチカワツボの特徴は、有性生殖でも無性生殖でも繁殖できることである。ライブリーは、ニュージーランドの66個の集団について、それぞれのオスの割合を調べた。もし、オスが0パーセントなら、その集団はすべて無性生殖をしていると解釈し、もし、50パーセントなら、その集団はすべて有性生殖をしていると解釈したのである。

その結果、1つ目の仮説を支持する結果は得られなかったが、2つ目の仮説を支持する結果は得られた。オスの割合と吸虫の感染率とのあいだに相関が認められたのだ。これは、寄生虫の存在によって性の進化が促されていると解釈できる。

同義置換と非同義置換

赤の女王仮説を支持する研究を、もう1つ紹介しよう。それは、遺伝子の進化に関する研究だ。

前述した通り、DNAはデオキシリボヌクレオチドという化合物が1列にたくさん並んだ

＊ Lively, C. M. (1992) *Evolution* 46: 907-13.

ものである。1つのヌクレオチドの中には塩基という化合物が1つ含まれるが、その塩基には4つの種類がある。アデニン（A）とグアニン（G）とチミン（T）とシトシン（C）だ。DNAはデオキシリボヌクレオチドが1列に並んだものだが、その中の塩基にだけ注目すれば、DNAは塩基が1列に並んだものとして捉えることもできる。この塩基の並び方（塩基配列）が、遺伝情報になっているのである。

さて、タンパク質はアミノ酸が1列に並んだもので、DNAの情報をもとにして作られる。具体的には、DNAの3つの塩基の並び方が、1つのアミノ酸を決めている（コードしている）。

タンパク質を作る基本的なアミノ酸は20種類である。いっぽう、DNAの塩基には4つの種類があるので、3つの塩基の並び方は4の3乗で64通りもある。3つの塩基が1つのアミノ酸をコードしているわけだが、3つの塩基（64種類）のほうがアミノ酸（20種類）より種類が多いので、異なる塩基の並び方でも同じアミノ酸をコードする場合がある。

たとえば、AGT（アデニン、グアニン、チミン）という3つの塩基は、セリンというアミノ酸をコードしている。生物が進化していくあいだに、このAGTの3番目の塩基が、TからC（シトシン）に変化したとしよう。だが、AGCも同じくセリンをコードするので、この塩基の変化によって作られるタンパク質は、変化しない。このような、コードするアミノ酸が変わらない塩基の変化を、同義置換と言う。

ところが、3番目の塩基がTからAに変化した場合は、コードするアミノ酸が変わってしまう。AGAはアルギニンというアミノ酸をコードしているからだ。このような、アミノ酸が変化する塩基の変化を、非同義置換と言う。

遺伝子が「どう変わるか」は問題ではない？

これまで述べたように、突然変異のほとんどは有害なものであって、有益なものはほとんどない。しかし、有害な突然変異も進化の過程で除かれてしまうので、こちらもほとんど残らない。それでは、残るものは何かと言うと、それは中立な突然変異である。とくに有害でも有益でもないような突然変異だ。もちろん中立な突然変異の中にも、偶然除かれてしまうものはあるけれど、偶然残るものもそれなりにある。その結果、タンパク質やDNAに起きた突然変異の中で残るもの（これが進化的な変化として認識される）の多くは、中立な突然変異になるのである。

ここで、さきほど述べた同義置換と非同義置換について考えてみよう。

同義置換の場合は、作られるタンパク質に変化はない。したがって、同義置換は、ほぼ中立と考えられる（ちなみにタンパク質が変化しなくても、DNAが変化しただけで何らかの影響が出ることはある。そのため、同義置換でも完全に中立でないことがある。そこで、「ほぼ」中立とした）。したがって、同義置換はそれなりに残ると考えられる。

非同義置換の場合は、作られるタンパク質が変化する。したがって、（すべてではないが）大部分の非同義置換が有害なものとなり、進化の過程で除かれてしまう。

その結果、ほとんどの遺伝子では、非同義置換より同義置換のほうが多くなる。ヒトとアカゲザルの遺伝子を比較した研究では、約97パーセントの遺伝子で、非同義置換より同義置換のほうが多かったと報告されている。

しかし、一部の遺伝子では、逆に同義置換より非同義置換のほうが多くなっている。そういう遺伝子の1つが、さきほど述べたMHC遺伝子だ。正確に言えば、MHC遺伝子の中で、抗原と結合する部分をコードしているところである。ここに起きた変化は、どのような変化であっても、生物にとって有利な変化になるのだろう。

赤の女王仮説によれば、無性生殖より有性生殖が有利な理由は「たえず新しい遺伝子型を作り出す」ことだ。私たちは病原体と追いつ追われつの関係にある。遺伝子を変化させることによって、私たちは病原体から逃げているのだ。こういう場合、遺伝子がどう変わるかは問題ではない。とにかく変わればよいのである。

ＭＨＣ遺伝子のように、赤の女王仮説が当てはまる遺伝子では、通常の遺伝子とは違って、同義置換より非同義置換のほうが多くなっている。これも、赤の女王仮説を支持する研究結果と考えられる。

ネアンデルタール人のＭＨＣ遺伝子

赤の女王仮説と調和的な証拠は、化石からも見つかっている。それは、ネアンデルタール人のＭＨＣ遺伝子だ。

私たちヒト（学名はホモ・サピエンス）は、人類の1種である。人類は約700万年前に現れ、進化の結果、数十種に分岐した。しかし、その多くは絶滅してしまい、現在生き残っているのは、私たちヒト1種だけだ。

ヒト以外の人類で最後まで生き残っていたのは、約3万9000年前までヨーロッパなどに住んでいたネアンデルタール人である。彼らの化石は、１８５６年にドイツのネアンデル渓谷（ドイツ語ではネアンデルタール）で初めて発見されたので、ネアンデルタール人と呼ばれるようになった。

身長は、私たちと同じくらいだが、体重は私たちより重く、たくましい体格をしていたと考えられている。また、私たちより脳が大きかった唯一の人類でもある。

化石が発見されてから１００年近くのあいだ、ネアンデルタール人は腰を曲げて中腰でよたよた歩く類人猿のような姿に復元されていた。当時のヨーロッパではキリスト教の影響が強かったせいもあって、ヒトとの違いを強調させたかったらしい。しかし、化石から考えると、私たちと同じように、背筋を伸ばして直立二足歩行をしていたことは間違いない。

もしも、ネアンデルタール人が絶滅しなければ、現在の地球は2種の人類が住む惑星になっていただろう。私たちは、仲のよい友達になれたかもしれない。もし、ネアンデルタール人がヒトとは異なるタイプの知性を持っていたとすれば、彼らとのコミュニケーションはお互いの精神世界を広げることになったかもしれない。しかし、彼らは絶滅してしまった。もう二度と話すことができないのは、とても残念である。

さて、ネアンデルタール人の化石ＤＮＡを解析することによって、ネアンデルタール人と

ネアンデルタール人

約43～3万9000年前に生きていた人類の１種。私たちヒトより脳が大きかった(EPA=時事)

ヒトは、かつて部分的に交雑したことが明らかになった。ゲノム全体で見ると、現在のヒトのＤＮＡの約２パーセントはネアンデルタール人に由来している。この値は、地域によって多少異なるけれど、最大でも６パーセント以下である。しかし、ＭＨＣ遺伝子に限って考えると、約半分がネアンデルタール人に由来するらしい。しかも中国人では、この値が約70パーセントに達すると言う。

私たちヒトは、約30万年前にアフリカで誕生した。それ以来、ずっとアフリカに住んでいたが、数万年前にその一部がアフリカを出て、ネアンデルタール人と出会った。そのとき、ネアンデルタール人は、すでに30万年以上アフリカの外で暮らしていた。そのため、彼らのＭＨＣ

遺伝子は、アフリカの外にしか存在しないさまざまな病気に適応していた可能性がある。そのようなネアンデルタール人のMHC遺伝子には、ヒトのMHC遺伝子にはない変異が含まれていたので、ネアンデルタール人のMHC遺伝子を受け継ぐと、ヒトのMHC遺伝子の多様性が高くなったのだろう。

その結果、ネアンデルタール人のMHC遺伝子を受け継いだヒトは、受け継がなかったヒトよりも生き延びやすくなり、ネアンデルタール人のMHC遺伝子が高頻度で見つかるようになったと考えられる。

これは赤の女王仮説を直接支持する結果ではないけれど、赤の女王仮説に矛盾しない、調和的な結果とは言えるだろう。

ちなみに、ネアンデルタール人のDNAは、ヨーロッパの人々よりもアジアの人々のほうが、多く受け継いでいることが多い。しかし、ネアンデルタール人が住んでいたのはおもにヨーロッパから中東であって、アジアに住んでいたことはない。そう考えると、これは不思議なことに思えるけれど、でも改めてよく考えてみると、不思議でもなんでもない。

ヒトは長距離を歩くことができる。一生のうちに、何千キロメートルも移動することもある。集団で考えても、ヒトの集団はしばしば大移動をする。そのため、ヒトの集団の地理的分布はつねに変化しているのだ。

100年や1000年ならともかく、ネアンデルタール人とヒトが交配したのは何万年も昔のことである。そのあいだ、ヒトの集団の地理的分布が変化しなかったと考えるほうが不自然だ。ヨーロッパの人々にネアンデルタール人のDNAが少ない理由はいくつか考えられるが、その1つは、ネアンデルタール人のDNAを受け継いだ人々が、その後、広い地域に拡散したために、ネアンデルタール人のDNAが希釈されたことである。

進化が「進歩」であるとは限らない

赤の女王仮説によれば、宿主と寄生者はともに進化し続ける運命にある。立ち止まったときは絶滅するときだ。このような宿主と寄生者の関係を、軍拡競争にたとえることがある。でも、赤の女王仮説と軍拡競争では、少し感じが違う。軍拡競争は「進歩」だが、赤の女王仮説は「進歩」とは限らないからだ。

日本の戦国時代、武田信玄の率いる武田軍は圧倒的な強さを誇り、多くの戦を制した。武田軍は戦国時代最強と言われることもある。しかし、その武田軍が、400年以上のときを超えて、現代に現れたらどうだろう。現代の軍隊と戦ったら、武田軍には万に1つも勝ち目がないのではないだろうか。戦闘機やミサイルで攻撃されたら、刀や弓矢では、とても太刀打ちできないだろう。

このように、軍拡競争は、武器の性能に関しては「進歩」である。いったん刀や弓矢が、戦闘機やミサイルに代わったら、もう戻ることはないからだ。

しかし、赤の女王仮説で大切なのは、たんに変化し続けることである。だから、同じところに戻ってくることもある。

たとえば、宿主のDNAのある部位の塩基がアデニンだったとしよう。そして仮に、そのアデニンが、寄生者を避けるのに役立っていたとしよう（もちろん実際には、アデニンが直接役に立つわけではない。タンパク質を作る情報になったりして間接的に役に立つのである）。ところが、そのうちに寄生者が対抗策を進化させて、アデニンでも感染できるようになった。そこで今度は、宿主がアデニンを、シトシンという別の塩基に進化させた。そのため、寄生者は宿主に感染することができなくなり、寄生者の数は減少した。

ところが、しばらくすると、シトシンでも感染できるように寄生者が進化してきた。そのため、ふたたび寄生者は宿主に感染できるようになり、寄生者の数は一気に増加した。アデニンに感染できる寄生者がいなくなる代わりに、シトシンに感染できる寄生者が増加したのである。

そこで宿主は、ふたたびシトシンをアデニンに変化させた。以前の状態に戻したわけだ。現在の寄生者は、シトシンには感染できるけれど、アデニンには感染できなくなっている。そこで、宿主に感染できなくなり、寄生者の数は減少した。つまり、宿主のDNAのアデニンが、ふたたび寄生者を避けるのに役立つようになったのである。これで、振り出しに戻ったことになる。

このように赤の女王仮説では、変化することが重要なので、べつに進歩する必要はない。もとに戻ってもよいのである。

万能の寄生者など存在しない

でも、と言う人がいるかもしれない。さきほどの例だと、宿主がアデニンをシトシンに変化させたあとで、寄生者のほうも、アデニンに感染できる寄生者からシトシンに感染できる寄生者へと進化した。まあ、ここまではよい。でも、さきほどの例では、このときに寄生者が、アデニンに感染できる能力を失うことになっている。しかし、そんな必要はないのではないか。アデニンに感染する能力を保持したまま、あらたにシトシンにも感染できる能力を手に入れればよいではないか。それなら、宿主がシトシンをふたたびアデニンに戻しても、感染し続けられるのに。

その場合、宿主は同じところに戻ってくることはできない。寄生者にいったんアデニンで感染されたら、もう二度とアデニンは使えない。

しかし、実際には、そうはならない。シトシンに感染できる能力が進化すると、たいていアデニンに感染する能力は失われてしまうのだ。それはなぜだろうか。

「農薬に耐性を持つ虫」が現れても効果が続くワケ

BT剤という有名な農薬がある。バチルス・チューリンゲンシス（*Bacillus thuringiensis*）という細菌が作るタンパク質で、チョウやガの幼虫を殺す農薬だ。昆虫の消化管の中で分解されると、消化管の中のある構造に結合して、昆虫を死に至らしめる。いっぽう、人間には、BT剤に結合する構造がないので、一応無害とされている。しかも、BT剤は物質としての寿命が短く、太陽光によって急速に分解される。そのため、環境をほとんど汚染しないと言われている（ただし、これには反論もある）。

BT剤は日本でも使われているが、とくにアメリカで広く使われている。もう何十年も使われ続けているので、すでにBT剤に抵抗性を持つ昆虫が出現している。しかし、BT剤は今でも使われ続けているし、農薬として一定の効果も上げ続けている。それはなぜだろうか。

その理由は、すべての畑でBT剤を使うのではなく、BT剤を使わない畑を残しているからだ。

たとえば、アメリカのトウモロコシ畑では、BT剤を使うのは畑の面積の80パーセントで、残りの20パーセントではBT剤を使わない。アメリカの綿畑では、BT剤を使うのは畑の面積の50パーセントで、残りの50パーセントではBT剤を使わない。こうすると、BT剤はいつまでも効き続けるのである。

では、どうしてBT剤が効き続けるのかを考えてみよう。まずはBT剤を使った畑からだ。

BT剤を使った畑では、ほとんどの昆虫は死んでしまう。だから作物はよく育ち、収穫量は増える。しかし、何年か経つと、ＢＴ剤に抵抗性を持つように昆虫が進化してくる。そうすると、いくらＢＴ剤を使っても効果はない。ＢＴ剤抵抗性の昆虫は作物に被害を与え、収穫量を激減させてしまう。

ここで、すぐ隣にＢＴ剤を使わない畑があったら、どうなるだろうか。さきほどのＢＴ剤を使った畑なら、ＢＴ剤抵抗性の昆虫は増えるけれど、ＢＴ剤感受性（ＢＴ剤が効くこと）の昆虫は死んでしまうので増えなかった。それでは、ＢＴ剤を使わない畑なら、ＢＴ剤抵抗性の昆虫もＢＴ剤感受性の昆虫も、同じように増えるのだろうか。いや、そうはならない。ＢＴ剤抵抗性の昆虫よりＢＴ剤感受性の昆虫のほうが増えるのだ。

昆虫も生物なので、物質やエネルギーを使って生きている。この物質やエネルギーは、無限に使えるわけではない。昆虫1匹が生きるために使える物質やエネルギーの量（代謝量（たいしゃりょう））は有限である。そのため、もし代謝量の一部をＢＴ剤に抵抗するために使ってしまうと、それ以外の成長や生殖などに使える代謝量が減ってしまう。そのため、ＢＴ剤抵抗性の昆虫は、ＢＴ剤感受性の昆虫より、成長や生殖などに関しては不利なのだ。それが、ＢＴ剤への抵抗性を手に入れた代償なのだ。何も失わずに何かを得るなんて虫のよい話は、この世にないのである。ということで、ＢＴ剤を使っていない畑では、ＢＴ剤感受性の昆虫が増えることになる。

つまり、ＢＴ剤を使っている畑ではＢＴ剤抵抗性の昆虫が増え、ＢＴ剤を使っていない畑ではＢＴ剤感受性の昆虫が増えるのだ。

ここで、ＢＴ剤を使っている畑と使っていない畑が遠く離れていれば、悲惨な結果になる。ＢＴ剤を使っている畑では、ＢＴ剤抵抗性の昆虫が増えて、作物に壊滅的な被害が出る。ＢＴ剤を使っていない畑では、ＢＴ剤感受性の昆虫が増えて、作物に壊滅的な被害が出る。両方の畑で壊滅的な被害が出てしまうのだ。

しかし、ＢＴ剤を使っている畑の隣にＢＴ剤を使っていない畑を作れば、そうはならない。こういう状況では、ＢＴ剤抵抗性の昆虫が、ＢＴ剤を使っていない畑に飛んでいくこともあるだろう。反対に、ＢＴ剤感受性の昆虫が、ＢＴ剤を使っている畑に飛んでいくこともあるだろう。その結果、両者は交ざり合って生息することになる。こういう状況では、ＢＴ剤抵抗性とＢＴ剤感受性の昆虫のどちらが有利になるのだろうか。

ＢＴ剤を使った畑では、ＢＴ剤抵抗性の昆虫のほうが有利である。しかし、ＢＴ剤を使っていない畑では、逆にＢＴ剤感受性の昆虫のほうが有利になる。こういう両者が行ったり来たりしながら交ざり合って生息しているのだから、片方だけが急速に増えることはない。両者は、シーソーのようにバランスを取りながら、共存することになるのである。

BT剤を使わない畑は、いわば保険のようなものである。BT剤抵抗性の昆虫によって、BT剤を使った畑にもそれなりの被害は出る。しかし、BT剤抵抗性の昆虫の増加は、BT剤感受性の昆虫によって抑えられている。その結果、壊滅的な被害にまでは至らない。このような工夫をすることによって、収穫量は少し落ちるけれども、長期間にわたって畑を維持することができるのである。

赤の女王仮説は「鬼ごっこ」のようなもの

何も失わずに何かを得るなんて虫のよい話はない。アデニンに感染する寄生者が、シトシンに感染できるようになると、そのぶんアデニンに感染する能力は弱くなっていくのがふつうである。だから宿主は、アデニンをシトシンに変化させたあとで、ふたたびアデニンに戻してもよいのである。

宿主は寄生者から、ただ逃げればよい。べつに、同じ場所に戻ってきてもかまわない。イメージとしては、公園の中で鬼ごっこをしているような感じだ。ブランコの周囲をぐるぐる回りながら逃げてもよい。とにかく、捕まらなければよいのである。

寄生者も宿主も進化し続ける。でも、進化というのは「世代を超えて伝わる変化」のことであって、べつに「世代を超えて伝わる、新しいものへの変化」である必要はない。「世代を超えて伝わる、古いものへ戻る変化」であってもよい。進化は進歩とは限らないのである。

有性生殖も無性生殖もできるナナフシ

最後に1つ、有性生殖の進化に関する興味深い説を紹介しよう。[*] これまでの説では、有性生殖をする種と無性生殖をする種を別種として扱ってきた。しかし、無性生殖から有性生殖が進化した初期には、同種の中で無性生殖と有性生殖の両方が行われていた可能性が高い。

実際、同種の中で無性生殖と有性生殖の両方を行う生物は存在する（ただし、現在、無性生殖と有性生殖の両方を行っているからと言って、その生物が無性生殖から有性生殖へ進化する中間

＊ Kawatsu, K. (2013) *PLOS ONE* 8: e58141.

段階を示しているとは限らない。逆に有性生殖から無性生殖へ進化する途中かもしれないし、両者が平衡状態に達しているところかもしれないし、もしかしたら一口では言えないほど複雑な進化史を持っているかもしれないからだ)。

たとえば、ナナフシという昆虫がいる。木の枝に似た姿をしているうえに、ほとんど動かないので、本当に木の枝のように見える。このような姿や行動は、鳥などの天敵から身を隠すための適応だと考えられている。

このナナフシの仲間には、有性生殖と単為生殖(無性生殖)を、両方するものがいる。日本にいるナナフシモドキ(名前はナナフシモドキだが、ナナフシの仲間である)も有性生殖と単為生殖ができる種で、オスの数が非常に少ないことが知られている。ナナフシはあまり動かないので、オスとメスが出会うチャンスが少ない。そのため、単為生殖もできるほうがよいのかもしれない。じつは、こういう有性生殖も単為生殖もできる昆虫は、ナナフシの他にもゴキブリやカゲロウなど、いくつも知られている。

ちなみに、単為生殖はメスだけで子を作ることだが、ややこしいことに単為生殖を有性生殖に含める流儀と、無性生殖に含める流儀がある。

ある流儀では、配偶子(精子や卵など)を使う生殖様式を有性生殖と呼び、配偶子を使わない生殖様式（分裂や出芽など）を無性生殖と呼ぶ。この流儀では、単為生殖は卵という配偶子を使うので、有性生殖に含まれる。

また別の流儀では、オスが関わらない生殖様式はすべて無性生殖とする。この流儀では、単為生殖は無性生殖に含まれる。

さらに別の流儀では、親と遺伝的にまったく同じ子（親のクローン）を作る生殖様式を無性生殖と呼ぶ。この流儀では、じつは単為生殖は、有性生殖に含まれる場合もあるし、無性生殖に含まれる場合もある。

こうややこしくては話が先に進まないので、ここでは仮に2番目の流儀にしたがって、単為生殖を無性生殖として扱うことにする。

「有性生殖をしたいオス」と「無性生殖をしたいメス」

さて、話をもとに戻そう。ナナフシなどのように、有性生殖も無性生殖もできる種のことを考えよう。こういう種では、メスは無性生殖をするほうが有利と考えられる。メスが無性生殖でメスの子ばかり産んでいけば、高い増殖率でどんどん増えることができる。いっぽう有性生殖をすれば、メスだけでなくオスの子も生まれるし、そのオスの子自身は子を産まないので、増殖率が下がってしまうからだ。

こうして、メスが無性生殖ばかりしていれば、メスが増えて、オスが減ってしまう。ところが、これはオスにとって有利な状況なのだ。オスは多くのメスと交配できるので、子をたくさん残すことができるからだ。

つまり、いったんオスが現れたら、なかなかオスは消えない。オスが減少すれば、オスは有利になって、オスは増加に転じるからだ。ただし、オスに有利になっても、メスにとっては相変わらず無性生殖のほうが有利であることに変わりはない。そのため、有性生殖をしたいオスと、無性生殖をしたいメスのあいだで、対立が起きることになる。

この説の面白いところは、無性生殖に比べて致命的に不利だと考えられている、有性生殖の2倍のコストを解決しなくてよいところだ。有性生殖にとって2倍のコストはかなり強烈な欠点なので、その問題を回避できることは、この説の大きな利点となっている。しかも、この説が成り立つのは同種内で有性生殖と無性生殖が行われている場合だけなので、赤の女王仮説などの他の説とも両立できることも利点と言える。

ただ、この説は、具体的には単為生殖をしている集団にオスが生じた場合の話であって、有性生殖の起源に結びつけられるかどうかはよくわからないけれど。

やっぱり「オスなんかいらない」？

さて、もしかしたら性は存在するほうがよいのかもしれないが、ここで、最初の疑問に戻ることにしよう。ハシリトカゲの一部の種にはオスがいない。メスしかいなくても、自然の中でちゃんと生きている。今までの話をぶち壊すようだけれど、やっぱりオスなんかいらないのではないだろうか。

これまでの話を踏まえながら、その答えを探っていくために、ハシリトカゲの卵の作り方を考えてみよう。

単為生殖をするメスしかいないハシリトカゲには、二倍体のものも三倍体のものもいるし、実験的には四倍体のものも作られている。しかし、ここでは二倍体のものを念頭に置いて話を進めよう。

多くの生物は、細胞の中のＤＮＡを、すべて1本につなげた形ではなく、何本かに分割して持っている。私たちヒトでは、細胞の中のＤＮＡを46本に分割している。そして、その一つひとつを染色体と呼んでいる（ただし、実際の染色体はＤＮＡだけでなく、タンパク質など他の物質も含んでいる）。

有性生殖をする生物の染色体には、似たものが２つずつ含まれている。その似た染色体同士を相同（そうどう）染色体と言う。父親と母親からほとんど同じ染色体のセットを受け継ぐので、似た染色体が２つずつ揃うのである。

さて、通常の減数分裂は、細胞の持つＤＮＡ量を半分にする。具体的には、ＤＮＡ量を２倍にしてから４つの細胞に分裂するので、一つひとつの細胞の持つＤＮＡ量は半分になるのである。

いっぽう、ハシリトカゲの減数分裂では、細胞の持つＤＮＡ量は変化しない。具体的には、ＤＮＡ量を４倍にしてから４つの細胞に分裂するので、一つひとつの細胞の持つＤＮＡ量は変化しないのである。

ハシリトカゲの減数分裂

それでは、ハシリトカゲの減数分裂の仕方を見てみよう。話を単純にするために、ハシリトカゲは染色体を（実際とは違うけれど）2本しか持っていないことにしよう。

その2本の染色体はお互いに相同染色体であり、それぞれの染色体には遺伝子が2つずつ乗っているものとする。実線の染色体の遺伝子はAとB、点線の染色体の遺伝子はaとbである（単為生殖種の減数分裂の図の①）。

さて、ハシリトカゲの減数分裂では、まずDNA量を2倍にして、染色体を2本から4本に増やす（②）。もう1回DNA量を2倍にして、4本の染色体を8本の染色分体に増やす（③、染色体としては4本と数える）。このうち①から②の過程は通常の減数分裂にはなく、単為生殖種の減数分裂に特有の過程である。この過程があるため、単為生殖種の減数分裂では、DNA量を2倍でなく4倍に増やせるのだ。

このあと、通常の減数分裂なら④から⑥へと進むのだが、単為生殖種の場合は⑦から⑨へと進む。しかし、まずは通常の、④から⑥の過程から見ていこう。

相同染色体同士（実線の染色体と点線の染色体）が対合して（隣り合わせになって、④）、内側の染色分体同士の一部が組換えられる（⑤）。それから、細胞分裂を2回繰り返して4つの細胞に分かれる。それぞれの細胞には、2組の対合した染色体それぞれから1本ずつ染色分体が入り、2本の染色体になる。4つの細胞のうち卵になるのは1つだけで、残りの3つ

単為生殖種の減数分裂

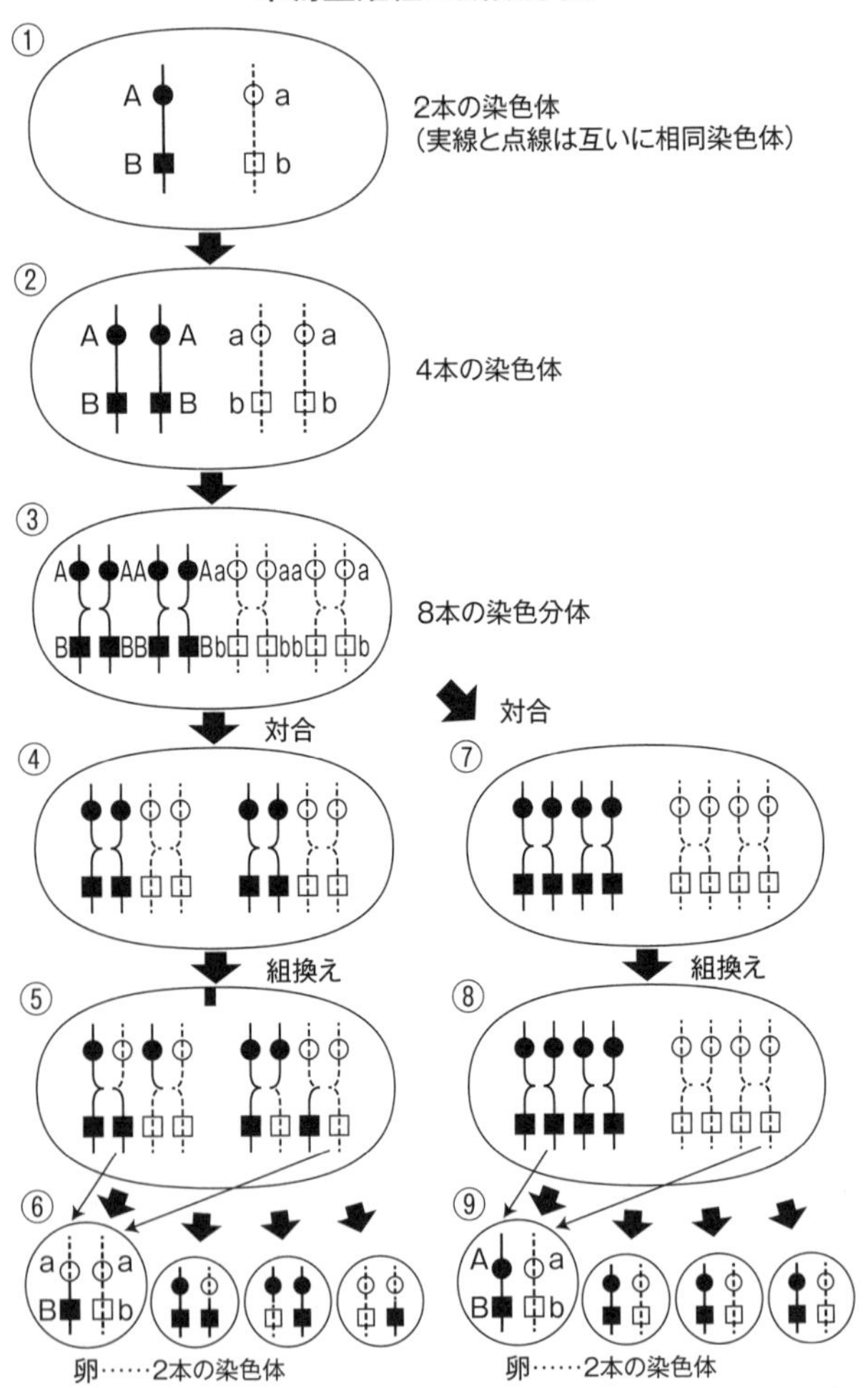

ハシリトカゲなどの単為生殖をする種は、通常とは異なる減数分裂を行うことが多い

は消滅する（⑥）。

何だかややこしい話だったけれど、大切なのは最初と最後だけだ。最初の①の遺伝子は、A、B、a、bの4種類だった。ところが最後の⑥の卵の遺伝子は、B、a、bの3種類に減っている。つまり、遺伝子の多様性が減っているのだ。通常の減数分裂であれば、遺伝子の多様性を増やす働きをする組換えが、単為生殖では裏目に出て、遺伝子の多様性を減らしてしまうのである。子を作るたびに、こんな減数分裂をしていては、遺伝子の多様性がたちまち失われてしまう。これでは単為生殖をするハシリトカゲが、自然の中で生き延びていくことは難しいだろう。

しかし、実際にハシリトカゲが行っている減数分裂は、通常の④から⑥ではなくて、⑦から⑨だ。それでは、⑦から見ていこう。

同じ染色体同士（実線の染色体同士あるいは点線の染色体同士）が対合して（⑦）、内側の染色分体同士の一部が組換えられる。

ところで、同じ染色体に由来する染色分体を姉妹染色分体と言う。姉妹染色分体の遺伝情報はまったく同じである。そのため、姉妹染色分体同士で組換えが起きても、遺伝情報には何の変化も起きない。⑦で対合している染色分体はすべて姉妹染色分体なので、組換えが起きても何も変化はない（⑧）。それから、細胞分裂を2回繰り返して4つの細胞に分かれる。それぞれの細胞には、2組の対合した染色体それぞれから1本ずつ染色分体が入り、2本の染色体になる。4つの細胞のうち卵になるのは1つだけで、残りの3つは消滅する（⑨）。

やっとややこしい話が終わったので、最初と最後を見てみよう。最初の①の遺伝子は、A、B、a、bの4種類だった。そして、最後の⑨の卵の遺伝子も、A、B、a、bの4種類だ。つまり、遺伝子の多様性は減っていないのだ。通常の減数分裂では、相同染色体の染色分体同士で組換えが起きるのだが、それを同じ染色体の染色分体同士（つまり姉妹染色体同士）で組換えが起きるように進化したので、遺伝子の多様性が減らないようになったのである。

とはいえ、ハシリトカゲの減数分裂では、多様性を減らすことは避けられるけれど、増やすことはできない。もしも、オスの精子とメスの卵が受精すれば、多様性を増やすことだってできるのに。

やはりハシリトカゲも、オスがいないと不便なのだろう。そのため、減数分裂を変化させて、その不便さを少しでも減らすようにしたのだと考えられる。

しかし、オスがいないと、よいこともある。それは繁殖率の高さだ。有性生殖より単為生殖のほうが子をたくさん作れることは、前に述べた通りである。

単為生殖には、よいところも悪いところもある。それらがバランスを取って、有性生殖をする種と太刀打ちできるくらいになっている。それが、単為生殖をするハシリトカゲが自然の中で生きていける理由なのだろう。

第3章

オス同士の競争が進化を促した

永久凍土に眠っていたベレゾフカのマンモス

1900年の夏に、シベリアのベレゾフカ川の近くで、ラムート族のゼメン・タラビキンは狩りをしていた。犬を連れてシカを追っていたのである。ところが突然、犬がシカを追うのをやめて、辺りの匂いを嗅ぎ始めた。そして、ふたたび駆け出した。犬についていくと、凍った地面から、大昔に死んだマンモスの一部が突き出していた。冷凍状態で保存されていたせいで、そのマンモスには骨だけでなく、肉や毛なども残っていたのである。

マンモスの頭部はほぼ完全で、牙が1本だけ付いていた。しかし、ラムート族のあいだでは、マンモスの遺骸は不幸をもたらすと言われていた。そこで、タラビキンは、マンモスをそのままにして、いったんはテントに戻った。

翌日、タラビキンは友人2人を連れて、ふたたびマンモスの遺骸を見に行った。頭や背中の一部は、すでにオオカミに食べられていた。それから、彼らは、牙を引き抜いて持ち帰った。

その年の暮れに、引き抜かれた牙が市場に出たことがきっかけとなって、次の年に、ベレ

マンモス

寒冷地に棲んでいたので、氷漬けの遺骸が見つかることがある（dpa/時事通信フォト）

ゾフカのマンモスのことが、ロシア科学アカデミーに報告された。ロシア科学アカデミーは調査隊を現地に送り、死者も出た約4カ月にわたる苦難の旅の末に、ついにマンモスの遺骸に到着した。

マンモスの遺骸はかなり損傷していたものの、肉や毛はもちろん、食物が入った胃も残っていたので、学術的にはたいへん貴重なものだった。この発見によって、マンモスがどういう動物だったかについて、大きく理解が進んだ。それまでは、マンモスについて、あまり正確には知られていなかったのだ。このベレゾフカのマンモスの発見は、ロシアだけでなく他の国々でも大きく報道されたが、ある新聞の挿絵では、マンモスには4本も牙があり、足には恐ろしい鉤爪（かぎづめ）まで生えていたくらいである。

定向進化説——生物は一定の方向に向かって進化する

マンモスは絶滅種だが、比較的最近まで生きていたので、このように冷凍保存状態で発見されることがある。絶滅したのは約1万年前と考えられているが、局地的には約4000年前まで生き残っていた可能性がある。

絶滅した原因ははっきりとはわからないが、有力な説としては、氷期が終わって気候が変化したことが挙げられる。また、人類による狩猟が、絶滅に関係した可能性もある。しかし、かつては、まったく別の説が唱えられたこともあった。牙が伸びすぎたと言うのである。

「生物には一定の方向に向かって進化する力が内在的に備わっている」という説を、定向進化説と言う。これはドイツの動物学者、テオドール・アイマー（1843〜1898）が広めた説だが、それ以前から人気のある考え方であった（ただし「定向進化説」という用語はドイツの動物学者、ヴィルヘルム・ハーケ〔1855〜1912〕が作り、アイマーが広めたもので、それ以前には使われていなかった)。

定向進化説を最初に主張したのが誰かはわからないが、ジャン＝バティスト・ラマルク(1744〜1829)は、すでに定向進化説を主張している。「生物には下等から高等なものへ向かって進化していく力が内在的に備わっている」と考えていたのである。ラマルクと言うと、「よく使う器官は発達し、使わない器官は退化する。それが世代ごとに蓄積されて進化する」という用不用説が有名だが、それは補助的なメカニズムにすぎない。進化には下等から高等へと向かう大きな流れがあって、用不用説はその流れを微調整する、というのがラマルクの考えだ。

その後、ダーウィンが『種の起源』を出版して、「生物は一定の方向に向かって進化するとは限らず、自然淘汰によっていろいろな方向に進化する」と主張した。ダーウィン自身は定向進化説を主張していないのだが、皮肉なことに、ダーウィンの支持者の多くは定向進化説を主張している。

ハーバート・スペンサー(1820〜1903)はイギリスの哲学者だが、ダーウィンの『種の起源』を読んで、進化を広く世間に紹介した文筆家でもある。

ドイツの動物学者であるエルンスト・ヘッケル(1834〜1919)もダーウィンに好

意的で、進化という考えをドイツに普及させることに積極的だった。1866年にはダーウィンの家も訪れている。

このスペンサーやヘッケルは、当時の代表的なダーウィンの支持者であるが、定向進化説を主張していた。生物は進歩する方向に進化する、と言うのである。そして、ダーウィンの主張する自然淘汰は、補助的なメカニズムにすぎないと考えていた。進化には、進歩する方向に向かう大きな流れがあって、自然淘汰説はその流れを微調整する、というのがスペンサーやヘッケルの考えであった。

マンモスの牙はなぜ自分のほうを向いている？

ラマルクやスペンサーやヘッケルの考えは、「生物には一定の方向に向かって進化する力が内在的に備わっている」ということなので、定向進化説に含まれる。ただし、彼らが考えていた定向進化説と、アイマーが主張した定向進化説は、少し違う。

ラマルクやスペンサーやヘッケルの定向進化説では、進化が向かう「一定の方向」は、何らかの意味で「よい方向」であった。「高等」へ向かったり「進歩」したりする方向であった。しかし、アイマーが考えた「一定の方向」は、べつに「よい方向」でなくてもよい。「悪い方向」でもかまわないのだ。

さて、ここまでの話では、ラマルクやスペンサーやヘッケルの考えも、定向進化説として扱ってきた。ただ、そうすると、非常に多くの進化学者が、定向進化説を唱えたことになってしまう。かつては多くの進化学者が、進化は進歩であると見なしていたからだ。そこで、今後は、狭義の定向進化説というか、アイマーの唱えたタイプの定向進化説だけを、定向進化説と呼ぶことにしよう。

（狭義の）定向進化説の例としては、マンモスの牙がある。マンモスの牙はとても大きい。長さが5メートルに達することもある。しかも大きく湾曲しているので、牙の先が自分のほうを向いていることも珍しくない。これでは、何の役にも立たないし、そもそも自分にとって危ない。どうしてこんな牙が進化したのだろうか。

絶滅してしまった生物の行動を推測する方法の1つは、現在生きている生物の行動を参考にすることだ。現在生きているアフリカゾウも、やはり牙を持っている。マンモスほどは大きくないけれど、それでも長さが3メートルぐらいになることがある。アフリカゾウは、牙を使って地面を掘る。そして水を見つけたり、木の根を食べたりするのである。また、アフリカゾウは樹皮が好きなので、木の幹から樹皮を剝がすときにも牙を使うし、オス同士が闘うときにもやはり牙を使うようだ。

たぶんマンモスも、似たような牙の使い方をしていたのではないだろうか。牙で地面を掘ったりしていたのではないだろうか。とはいえ、自分のほうに湾曲した巨大な牙では、地面を掘ることはできない。

おそらくマンモスの牙も、最初は短かったのだろう。しかし、あまり短いと地面を掘るときにも不便なので、牙が長くなるように進化を始めた。そしてだんだん牙が長くなり、マンモスは上手に地面を掘れるようになった。

しかし、牙がちょうどよい長さになったところで、進化は止まらなかった。いったん長くなる方向に進化が始まると、途中で止まらずに、どんどん長くなってしまったのだ。そして、ついにマンモスの牙は、地面が掘れないぐらい長くなってしまった。以前はほどよく湾曲していた牙も、今では湾曲しすぎて、先端が自分のほうを向いている。これでは地面は掘れない。しかも、とても重たいので、前足に余計な負担もかかるだろう。大きくなりすぎた牙は役に立たないばかりでなく、生きていくために重荷となる。そして、ついにマンモスは絶滅してしまった。

以上に述べた例のように、「生物には一定の方向に向かって進化する力が内在的に備わっており、一度進化が始まると、たとえ生きていくのに不便になっても、途中で止まらない」とアイマーは考えた。これがアイマーの定向進化説である。

生物に備わる内在的な力というのは何だかわからないけれども、かならずしも神秘的な力を考えていたわけではない。定向進化説を主張していた人々の多くは、何らかの物理化学的な力を仮定していたようだ。ただし、その力について説得力のある議論を展開した人はいなかった。

化石が示す形態の変化には、しばしば定向進化のような現象が見られるのは事実である。たとえば、陸上に棲んでいたカバに近い動物が、海に進出してクジラになったときには、肢(あし)が鰭(ひれ)になる方向に進化が起きたであろう。これは定向進化的な現象であるが、メカニズムとしては自然淘汰で説明できる。海で生活するためには、肢より鰭のほうが便利なので、自然淘汰によって肢が鰭に進化したと解釈できるからだ。

しかし、定向進化の現象の中には、自然淘汰で説明しにくいものもある。たとえば、あまりに大きすぎるオオツノジカの角とか、さきほどのマンモスの牙などだ。生きていくために不便な特徴が自然淘汰で進化するとは考えにくいからだ。

でも、本当にそうだろうか。生きていくために不便な特徴は、絶対に自然淘汰では進化しないのだろうか。

なぜ生きていくために不便な特徴が進化したのか

真ん中に大きな木がある庭で、Aさんが花に水をあげている。庭は長方形で、1つの角には水道がある。花は、他の3つの角にあるので、水道にホースをつないで、花に水をあげることになる。

Aさんは、まず赤い花に水をあげた（図の①）。それから青い花に水をあげた（②）。そして最後に、白い花に水をあげているときに、友人が訪ねてきた（③）。

Aさんを見て、友人が言う。

「何で、わざわざホースを遠回りさせて、水をあげてるの？ 白い花に向けて、水道からまっすぐホースを伸ばせばいいのに」

たしかに友人から見たら、Aさんのしていることは、おかしなことに思えるかもしれない。しかし、それは、過去に何があったのかを知らないからだ。Aさんは、白い花に水をあ

進化には歴史がある

① 真ん中に大きな木がある庭で、Aさんが花に水をあげている。まず、赤い花に水をあげた

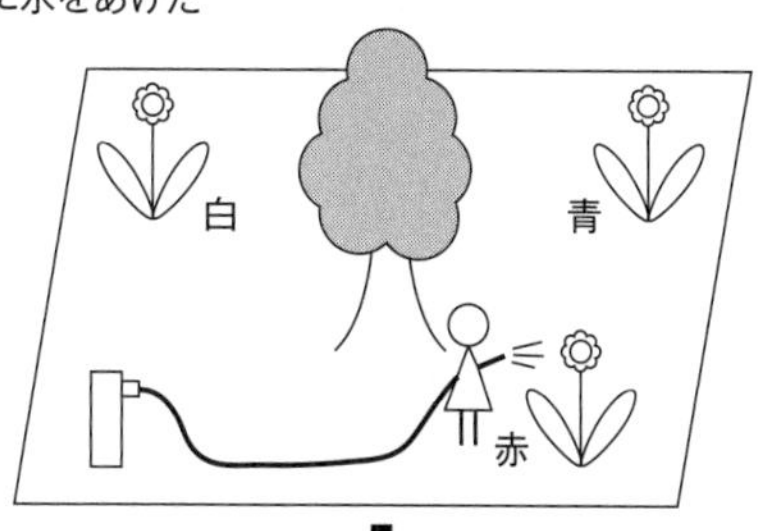

② 次に、青い花に水をあげた

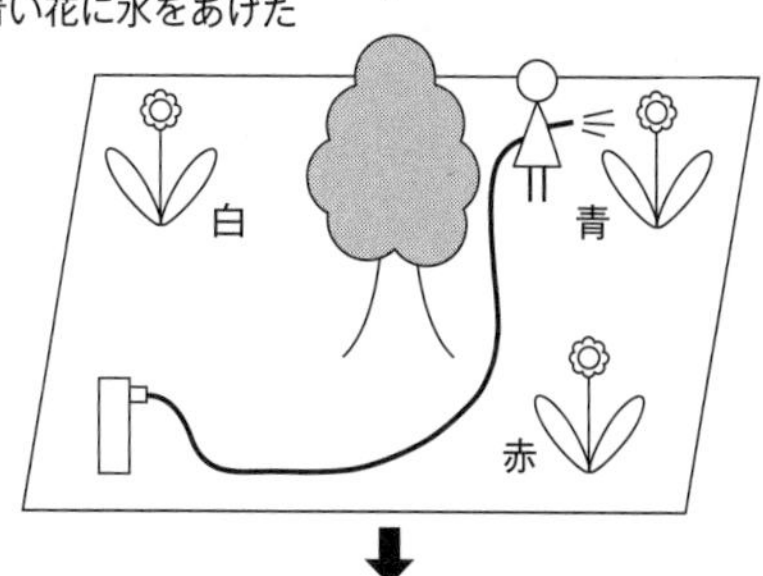

③ 最後に、白い花に水をあげているときに、友人が訪ねてきた。その時点では、ホースが木の周囲をぐるりと回って、遠回りをしている

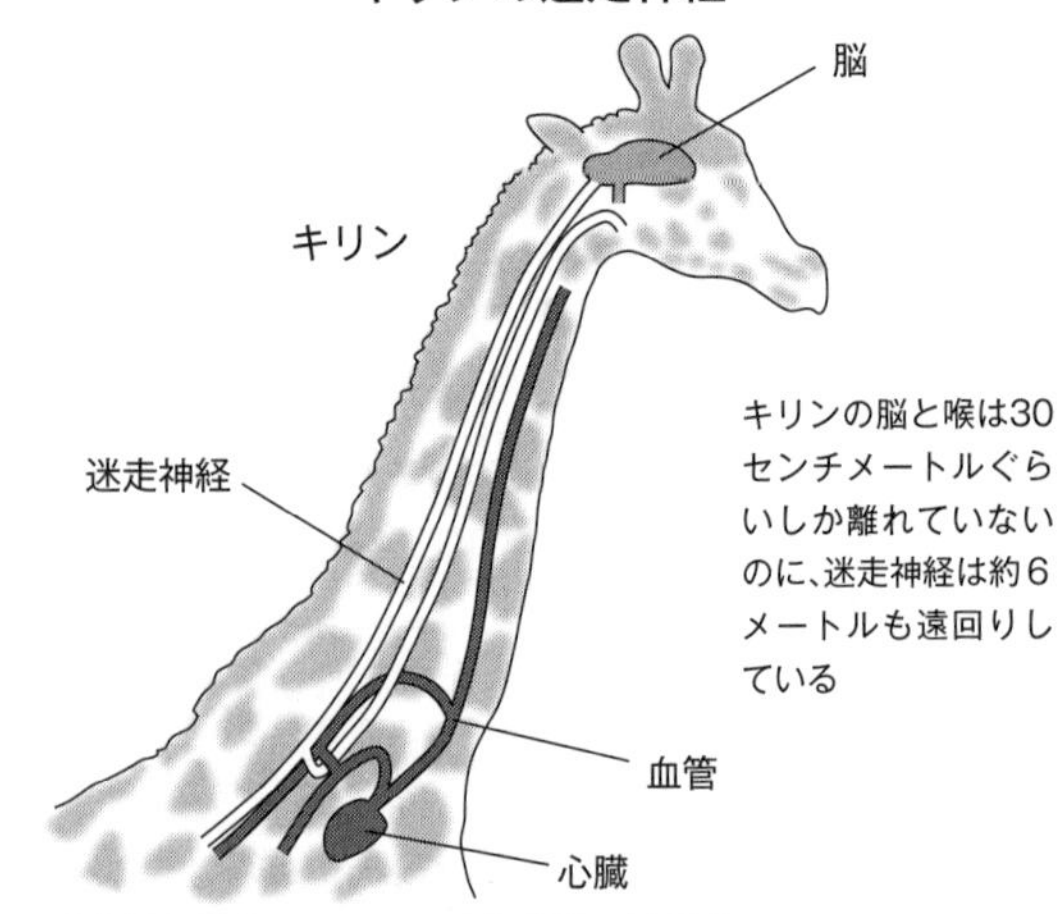

『進化の教科書』(講談社ブルーバックス)第3巻〈2017〉を改変

げる前に、赤い花や青い花にも水をあげたのだ。そのせいで、ホースが木の周囲をぐるりと回って、遠回りをするようになったのである。

ものごとには歴史がある。歴史を知らなければ、現在を理解することはできない。今回のケースでも、赤い花と青い花に水をあげたという歴史を知らなければ、ホースを遠回りさせて白い花に水をあげている現在の状況を、きちんと理解することはできないのだ。

逆に言えば、現在の状況の中には、現在の知識だけでは説明できないものがある、ということだ。これは、進化においても当てはまることである。

有名な例としては、キリンの迷走神経が挙

げられる。

私たちヒトは、喉の筋肉を動かしたりするために、脳から迷走神経という神経が伸びている。この迷走神経のうちの1本は心臓の近くにある血管の下側を通っている。私たちの場合はそれほど問題ないのだが、キリンではかなり変なことになってしまった。

キリンでも迷走神経は、心臓の近くの血管の下側を通っている。ところが、進化の過程で、キリンの首はどんどん長くなってしまった。キリンの首が伸びていくと、脳と喉は、どんどん心臓から離れていく。しかし、迷走神経は、相変わらず脳と喉を結んでいる。いっぽうで、迷走神経は、やはり心臓の近くの血管の下側を通っている。そのためキリンの迷走神経は、脳から出発して、長い首を通って心臓の近くまで下りていき、血管の下側をぐるりと回って、それから再び長い首を通って、喉まで上がっていかなければならなくなった。キリンの脳と喉は30センチメートルぐらいしか離れていないのに、迷走神経はおよそ6メートルも遠回りすることになってしまったのだ。

神経が不必要に長ければ、そのぶん何らかのトラブルが起きる可能性も高くなるし、長い神経を作ったり維持したりするためには、余計なエネルギーも必要になる。そのため、キリンの長い迷走神経は、生きていくために不便な特徴と言える。進化には歴史があるために、こういう特徴が進化することもあるのである。

目が離れているほど異性に好かれる「シュモクバエ」

じつは、生きていくために不便な特徴が進化することは、そう珍しいことではない。その理由はいくつかあり、進化には歴史があることも、そのうちの1つだった。また、別の理由としては、性淘汰と呼ばれているものがある。

シュモクバエは、おもにアフリカやアジアの熱帯に生息するハエである。頭部から、眼柄(がんぺい)と呼ばれる棒のような構造が左右に伸びており、その先端に眼が付いている。眼柄はオスにもメスにもあるが、とくにオスの眼柄は長い。シュモクバエの仲間には多くの種が含まれるが、中には片側の眼柄だけで体長を上回るものさえいる。左右の眼があまりにも離れているので、かなりシュールな印象を受ける。

ちなみに、鐘などを打ち鳴らすための道具を撞木(しゅもく)と言う。これはT字型の形をしており、シュモクバエの名前はここからきている。

シュモクバエの眼柄は非常に長いので、飛んだり歩いたりするときに邪魔になるだろう。

これは生きていくために不便な特徴と考えられるが、どうしてこんなものが進化したのだろうか。

あるシュモクバエは、昼間は1匹で地面を歩き回り、菌類などを食べている。しかし、夜になると、草木の根に集まってくる。川の岸には草木の根が垂れ下がっており、その根に多くのシュモクバエが止まりに来るのである。1本の根に30匹ぐらい止まっていることもある。

根に止まっているのは、ほとんどがメスである。オスは根の一番上に1匹だけ止まっていて、下にいるメスを守っている。つまり、1本の根がオスの縄張りで、そこに1匹のオスと多数のメスからなる

シュモクバエ

シュモクバエの左右の眼の間隔は、体長より長いこともある。左右の眼が離れているオスほど、メスと交尾する確率が高くなる（dpa/時事通信フォト）

ハレムを形成しているわけだ。

縄張りを狙って他のオスがやってくると、根の上でオス同士が向かい合って、左右に離れた眼を突き合わせる。やってきたオスのほうが眼柄が短ければ、やってきたオスはそのまま立ち去る。しかし、両者が同じぐらいだったり、やってきたオスのほうが長かったりすれば、争いが始まる。お互いに頭をぶつけ合うのである。その場合でも、勝つのはたいてい眼柄の長いオスである。また、このようなオス同士の争いとは別に、メスのほうも眼柄の長いオスを好む傾向があるようだ。

つまり、眼柄が長いオスのほうがメスと交尾するチャンスが増えるので、たとえ生きていくために不便でも、長い眼柄が進化したのだと考えられる。このような進化のメカニズムを、通常の自然淘汰と区別して、性淘汰と呼ぶこともある。「配偶者の数や性質の違いによる淘汰」、あるいは「受精数の違いによる淘汰」のことを、性淘汰と呼ぶのである。

性淘汰は自然淘汰の1つ

自然淘汰は、生物が「環境に適応するように働く」、あるいは「生存に有利になるように働く」と表現されることが多い。そうすると、性淘汰は「生存に不利になるように働く」、あるいは「環境に適応しないように働く」こともあるので、自然淘汰とは違うもののように思える。でも、本当にそうだろうか。

自然淘汰の仕組みは前にも述べたが、詳しく書くと次のように表せる。

(1) 同種の個体間に遺伝的変異（個体間で異なる特徴の中で子に遺伝するもの）がある。
(2) 生物は過剰繁殖をする（実際に生殖年齢に達する個体数より多くの子を産む）。
(3) 遺伝的変異によって、生殖年齢に達する子の数が異なる。
(4) より多く生殖年齢に達する子が持つ変異が、より多く残る。

丁寧に書けば以上のようになるが、要するに「より多くの子を残す変異が増えていく」のが自然淘汰である。

自然淘汰を説明した(1)〜(4)の文の中に、「環境に適応する」とか「生存に有利になる」とかいう言葉は出てこない。自然淘汰によって増えていく特徴は「多くの子を残す」特徴であって、「環境に適応する」特徴でもなければ「生存に有利になる」特徴でもないのである。

とはいえ「多くの子を残す」特徴は、たいてい「環境に適応する」特徴や「生存に有利になる」特徴と一致する。そこで便宜的に、自然淘汰は、生物が「環境に適応するように働く」、あるいは「生存に有利になるように働く」と表現されることもある。しかし、もしも「環境に適応する」特徴や「生存に有利になる」特徴と、「多くの子を残す」特徴が異なれば、自然淘汰は「多くの子を残す」特徴を増やしていくのである。

だから、性淘汰は自然淘汰の1つである。シュモクバエは、眼柄が長いと、生存には不利だが、多くの子を残せる。眼柄が短いと、生存には有利だが、少ししか子を残せない。そういう場合、自然淘汰は「多くの子を残す」ほうを増やしていく。つまり、シュモクバエの場合は、眼柄が長い個体を増やしていく。その結果、シュモクバエは眼柄が長くなるように進化したのだろう。

でも考えてみれば、生存に不利な特徴が進化することは、それほど珍しいことではない。よく知られた例としては、サケの産卵がある。

サケは川で生まれ、海へ下って数年（2～5年ぐらい）を過ごす。それからふたたび、自分が生まれた川に上ってきて、産卵をする。そして、産卵を終えると、ほとんどの個体が死んでしまう。

もし、産卵を終えたサケが、死なずにまた川を下り始めても、ふたたび産卵のチャンスに恵まれる前に、死んでしまう可能性が高い。それなら、体力を残しておくよりも、1回の産卵で体力を使い切ってしまうほうがよい。すべてのエネルギーを一回の産卵に注ぎ込んで、体力の限界まで卵をたくさん産んだほうが、結果的には多くの子を残すことができるからである。

このサケのケースは、早く死ぬように進化した例、つまり生存に不利な特徴が進化した例と考えられる。

生物が「多くの子を残す」要因には、いろいろなものがある。つまり、自然淘汰が起きる要因には、いろいろなものがある。たとえば、飛ぶ速さの違いや、病気への抵抗性の違いや、配偶者の数や性質の違いなどだ。そして、それらの中で、要因が配偶者数の数や性質の違いである自然淘汰のことを、性淘汰と言うのである。

性淘汰はありふれているが見えにくい

性淘汰はありふれた現象である。それにもかかわらず珍しい現象のように思えるのは、ほとんどの性淘汰が目に見えにくいからだ。

たとえば、足の速いチーターと足の遅いチーターがいて、足の速いチーターのほうが獲物を多く捕まえられるとしよう。この場合は、足の速いチーターのほうが多くの子を残せるので、チーターは足が速くなるように進化していく。この場合、自然淘汰が起きる要因は、足の速さの違いである。

ここで、もしメスがオスを選り好みしたら、どうなるだろう。もし足の速いオスをメスが好めば、足の速いオスはたくさんのメスと交配できて、多くの子を残せるだろう。つまり、足の速いオスは受精数が多くなって、多くの子を残せるわけだ。

したがって、足が速いオスは、獲物をたくさん捕まえられるので、多くの子を残せるうえに、メスにも好まれるので、ますます多くの子を残せることになる。この場合、自然淘汰が起きる要因は、足の速さの違いと配偶者数の違いの両方である。しかし、配偶者数の違いは、足の速さの違いに隠れてしまって見落としやすいだろう。

このチーターの話は想像上の話だけれど、メスがオスの生存に有利な特徴を好むケースは、実際にあるだろう。その場合は、性淘汰が働いていても、見落としやすいだろう。生存に有利な特徴が進化した場合は、生存に有利だから進化した、と考えるだけで終わりにしがちだからだ。そこに性淘汰の効果が上積みされていても、そこまで検討しないことが多い。でも、メスがオスの（あるいはオスがメスの）生存に有利な特徴を好むことは、頻繁にありそうな話である。

いっぽう、生存に不利な特徴が進化した場合、それは不思議なことなので、私たちはなぜだろうと考える。その結果、性淘汰が見つかったりする。しかし、生存に有利な特徴が進化した場合は、べつに不思議なことではないので、私たちはなぜだろうとは考えない。その結果、性淘汰が働いていても見落とされてしまう。

しかし実際には、性淘汰はいたるところで働いているはずだ。少なくとも脊椎動物では、自然淘汰の中で、性淘汰がかなりの割合を占めているのではないだろうか。しかし、その大部分は、生存に有利な自然淘汰のかげに隠れているのだろう。

メスをめぐって生死をかけるオス同士の競争

私はこれまでに、「同種の個体同士で殺し合いをする生物はヒトだけだ」という話を、何度か聞いたことがある。でも、そんなことはない。私たち以外の動物でも、同種の個体同士で争って、その結果、相手を殺してしまうことは、決して珍しいことではない。そういう争いの中でもっとも多いのは、メスをめぐるオス同士の争いだ。

アフリカゾウのオスは、メスをめぐって激しく争うことが知られている。メスと交尾して子孫を残すためには、この争いに勝たなければならない。争いは激しく、半分以上のオスはまったく子を残せないようだ。30歳ぐらいから争いに参加できるようになるが、勝つのはたいてい45歳以上の牙が長くて体が大きいオスである。

ゾウの仲間には大きな牙を持っているものが多く、約100万年前に生きていたアナンクスの牙は長さが4メートルに達することもあった。牙が大きいほど強力な武器となるため、ゾウの仲間では巨大な牙が進化したのだろう。このようなオス同士の競争は、性淘汰においてよく見られるパターンの1つである。

ただし、ある現象が起きる要因が、1つだけとは限らない。象の牙が大きくなった理由も、オス同士の争いに勝つためだけではないかもしれない。

前にも述べたが、マンモスの中には非常に大きな牙を持つものがいて、長さが5メートルに達することもある。これはアナンクスの牙を上回る長さである。しかし、牙は大きく湾曲していて、先端が自分のほうを向いていることもある。こんな牙が、オス同士の争いの役に

アナンクス

約100万年前に生きていたゾウの仲間。牙が長く、長さは4メートルに達することもあった（Nobu Tamura）

立つのだろうか。

もっとも、湾曲した牙の側面を相手にぶつけるだけでも、ある程度のダメージを相手に与えることはできるかもしれない。だから、マンモスの牙も、オス同士の争いでまったく役に立たないことはないだろう。でも、牙の先端が、自分ではなく相手に向いていたら、もっと強力な武器になったはずだ。それに、マンモスがアフリカゾウのように牙で地面を掘っていたとすれば、牙があまり湾曲していないほうが使いやすかったのではないだろうか。

マンモスの大きく湾曲した牙は、少しは何かの役に立ったかもしれないけれど、あんなに大きくて重いわりには、あまり役に立たなかったと考えられる。でも、ひょっとしたら、実用的ではないかもしれないが、オスの長い牙がメスにとって魅力的だった可能性はある。実際、マンモスの牙は、メスよりオスのほうが長かったのだ。

シオマネキの巨大なハサミは抑止力である

シオマネキというカニがいる。体長2～4センチメートルほどの小さなカニだが、片側のハサミが非常に大きいのが特徴である。

もっとも、ハサミが大きいのはオスだけで、この大きなハサミを上下に振る姿がよく見られる。この、海辺でハサミを振る姿が、「潮が早く満ちてくるように招いている」ように見えるため、「潮招き」と名前が付いたという話もある。

オスのシオマネキは海岸に巣穴を掘って、そこを守っている。メスはいろいろな巣穴を訪れ、気に入った巣穴があれば、そこのオスと交尾する。しかし、巣穴を作るために好適な場所は限られているせいか、巣穴を持たずに放浪しているオスもたくさんいる。そのため、シオマネキのオスは、しばしば巣穴をめぐって争うことになる。巣穴を守っていると、1日の

シオマネキ

片側のハサミが非常に大きいのが特徴である（時事通信フォト）

あいだに、何百回も他のオスから挑戦を受けるようだ。

ところで、シオマネキのオスは、巣穴を守っているあいだは、ほとんどエサを食べられない。巣穴は水辺より少し上にあるが、エサはたいてい水辺にあるからだ。そこで、エサを食べるために巣穴を留守にすると、周囲を放浪しているオスに巣穴を奪われてしまうことがある。そのため、巣穴の持ち主はしばしば交代し、ますます多くの争いが起きることになる。

オス同士の争いで武器となるのは、もちろん大きなハサミだ。この、相手に致命傷を負わせることのできる強力な武器で闘えば、どちらのオスが強いのか決着をつけることができる。しかし実際には、そこまでエスカレートすることは少ないようだ。

巣穴を狙って放浪しているオスは、巣穴を守っているオスのハサミを見ているらしい。自分より大きいハサミを持っているオスには、近づいていかないからだ。争いを挑むのは、自分と同じか、あるいは自分より小さいハサミを持つオスに対してだけである。

争いが始まると、ハサミを前に出して押し合う。この段階で片方が立ち去ることもあるが、そうでない場合は争いがヒートアップする。ハサミで叩いたり、相手を挟んで投げたりして、消耗戦に突入する。そして、片方が逃げていくまで、この闘いは続くのである。

こんな消耗戦を1日に何百回も行えば、どんなに強いシオマネキのオスもクタクタになり、体もボロボロになってしまうだろう。だから、こんな消耗戦に突入する前に、どちらが勝つか判断できる方法があったら、便利なはずだ。自分が負ける可能性が高ければ、闘わずに立ち去ればよいのだから。そうすれば、時間やエネルギーを節約できるだけでなく、危険を避けることもできる。闘いで重傷を負えば、死んでしまうかもしれないのだ。もっとも、メスと交尾するチャンスは失うことになるけれど、ここで生き延びれば、再びチャンスがめぐってくることもあろう。命あっての物種だ。

また、自分が勝つ可能性が高い場合でも、闘いを避けるに越したことはない。やはり、時間やエネルギーの節約になるからだ。それに、勝つほうも負けるほうも、闘っているあいだは、周囲に対する注意が散漫になる。そのため、天敵のカモメなどに食べられる可能性が高くなる。とにかく闘わないで済むなら、それに越したことはないのである。

そのため、シオマネキはハサミの大きさを見て、自分より大きいハサミを持つ相手には近づかない。かなわない相手には、争いを仕掛けないのである。そのため、消耗戦になるケースは少なく、平和的に決着するケースに比べれば、数百分の一ぐらいらしい。

つまり、シオマネキは大きなハサミを、おもに抑止力として使っている。実際に闘っている時間は短くて、それ以外のときは何時間にもわたって、ただハサミを振り続けているのである。

ハサミは大きいので目立つし、ハサミの大きさは、体の他の部分に比べて個体差が大きい。また、ハサミは寄生虫や病気、あるいは栄養状態などの影響を受けやすいので、ハサミが大きいほうが、元気で闘いに強い可能性が高い。それに、そもそもハサミが大きいほうが攻撃力が増すので強い。

つまり、シオマネキのハサミは、戦闘能力についてのわかりやすくて有効な指標なのだ。抑止力として使うには理想的な武器と言える。少し不思議な気もするけれど、巨大な武器ほど実際の闘いで使われることは少ないのである。

さきほど述べたマンモスの巨大な牙も、メスへのアピールの他に、抑止力として役に立っていた可能性もあるだろう。

一対一の闘いでなければ大きな武器も役に立たない

ところで、メスをめぐってオス同士で激しく争う種であっても、武器を持たない種もある。それについては、どう考えたらよいのだろうか。

『明日に向って撃て！』という映画がある。１９６９年に公開されたアメリカの映画で、20世紀初頭に射殺されたとされる実在の銀行強盗、ブッチ・キャシディとサンダンス・キッドをモデルにして作られた西部劇だ。ブッチは頭がよく機転の利く男で、サンダンスは早撃ちで有名な拳銃の名手である。彼らは長年にわたって列車強盗や銀行強盗を繰り返していたが、最後は異国の地で警官隊に包囲されて、一斉射撃を浴びてしまう（これは映画の中の話で、史実には不確かなところもあるようだ）。

ブッチやサンダンスは、いくつかの意味で、時代に乗り遅れた男として描かれる。そのうちの1つは、サンダンスのガンマンとしての腕とプライドだ。ガンマンが一対一で、早撃ちの腕を競い合う時代は、すでに過ぎ去っていたのである。

一対一で撃ち合うのなら、早撃ちの腕を磨くことにも大きな意味がある。でも、映画のラストシーンのように、何十丁もの銃で一斉射撃をされたら、早撃ちの腕など何の役にも立たない。これと似たようなことは、メスをめぐるオス同士の争いでも見られるようだ。

オスとオスが一対一で闘うときは、オスの持つ力が反映されて、たいてい強いほうが勝つ。そのため、しばしば大きな武器が進化する。しかし、複数のオスが入り乱れて闘うときは、強いほうが勝つとは限らない。オスが持つ力は、かならずしも勝敗に反映されない。そのため、大きな武器が進化することはほとんどないと考えられる。

戦う個体、戦わない個体

糞虫（ふんちゅう）という昆虫がいる。コガネムシの仲間かその近縁種で、おもに哺乳類の糞をエサとする昆虫の総称だ。糞はエサになるだけでなく、幼虫を育てる部屋にもなるので、糞虫にとっては大切な資源である。そんな糞を守るために、糞虫はオス同士でしばしば争うことが知られている。

糞虫の中にはオスに角がある種がいて、争うときには角を武器として使う。ただし、オスに角がない種もいる。糞虫には多くの種が含まれるが、その中の系統的に近縁な2種で比べても、角がある種とない種に分かれる場合がある。また、同じ生息環境に棲み、同じ糞を食べる種で比べても、角がある種とない種に分かれることもある。角があったりなかったりする理由は、系統や環境ではなく、糞の扱い方にあるようだ。

糞虫の糞の扱い方は、大まかに2種類に分けられる。「転がし型」と「トンネル型」だ。「転がし型」の糞虫は、糞を見つけると適量を取り分け、それを球形にして地面を転がしていく。転がす理由は、ライバルたちから糞を遠ざけることらしい。

転がすのはおもにオスで、メスは途中からオスに合流したりする。そして、土が湿って柔らかい場所に着くと、オスとメスが協力して糞を埋める。そして、糞の上か横に卵を産むのである。

ところで、オスが糞を転がしているあいだに寄ってくるのは、メスだけではない。他のオスも、糞玉を奪うために攻撃してくる。

この闘いは、広い地面の上で行われる。そのため、一対一の闘いになることもあるけれ

糞虫

転がし型の糞虫には角がない（dpa/時事通信フォト）

ど、四方八方からオスがやってきて、3〜4匹のオスが糞玉にしがみつき、乱闘になることもある。お互いに肢を使って、相手を遠くへ放り投げようとするのである。このような「転がし型」の糞虫は何千種もいるけれど、角を持っているものは1種もいない。

いっぽう「トンネル型」の糞虫は、糞を見つけると、その下の地面に巣穴を掘り始める。巣穴を掘るのはメスで、その中に糞のかけらを運び入れる。そして、オスは巣穴の入り口を守る。メスは巣穴の中にいて、交尾もたいていそこで行われるため、オスは巣穴という縄張りを守るのである。

このような「トンネル型」のオスの多くは、角を持っている。巣穴の中は狭いので、一度にたくさんの相手と闘うことはできない。必然的に一対一の闘いになる。巣穴に侵入してきたオスは、角を使って、巣穴を守るオスを下へ押し込む。いっぽう、巣穴を守るオスは、巣穴の壁に肢のトゲを突き立てて、体を固定して応戦する。両者の位置はころころ変わり、穴の下へ転がり落ちることもあれば、穴の外へ転がり出ることもある。しかし、最後に勝つのは、たいてい角の大きなオスらしい。

一対一の闘いなら強いオスが勝つので、「トンネル型」のオスには角という武器が進化したのだろう。

さきほど述べたシュモクバエにしても、眼柄が非常に長いのは、メスを守るために一対一で闘うものだけだ。つまり、夜になるとメスが1ヵ所に集まる種だけだ。夜になるとメスが草地に散らばって、単独で休むシュモクバエのオスは、眼柄がそれほど長くないのである。

とはいえ、一対一で闘う種と闘わない種の境界が、いつも明確なわけではない。

「トンネル型」の糞虫のオスとオスが、巣穴をめぐって闘ったあと、負けたオスは立ち去って、新たな巣穴を狙いに行く。しかし、負けたオスの中でも小さいオスは、立ち去らないことがある。立ち去らないで、さっきまで闘っていた巣穴から1センチメートルほど離れたところに、穴を掘るのだ。しばらく下向きに掘ってから、向きを変えて水平方向に穴を掘り、さっきまで闘っていた巣穴の途中につなげてしまう。そして、その巣穴に忍び込むのである。

巣穴を守っているオスは入り口付近にいるので、負けたオスが巣穴の下のほうに侵入したことに気づかない。侵入したオスは巣穴をさらに下のほうへ下りていき、メスと交尾する。そして、すぐに立ち去るのである。

小さなオスは闘いに負けたあと、次の闘いに挑んでも、再び負ける可能性が高い。そのため、仕方なく忍び込み戦術を使うようになったのだろう。ルールが厳格ならば厳格なほど、そのルールを破ろうとする動機も強くなる。一対一で闘う種のように、強いオスが順当に勝つ種ほど、強いオスをだましたり、巣穴に忍び込んだりする行動も進化しやすくなる。うっかり忘れてしまうことが多いけれど、同じ種の個体だからと言って、すべてが同じ行動を取るわけではない。同種の個体のあいだにも、いろいろな違いがあるのである。

ゾウアザラシのつがい外交尾

オス同士が競争しているあいだ、メスのほうだって、何もしていないわけではない。

ゾウアザラシのオスは激しく争うことで有名だ。前肢で上体を起こし、巨体をぶつけ、歯で相手を切り裂く。そして勝ち残ったオスは、多くのメスを独占してハレムを形成する。

ゾウアザラシのオスがメスより数倍も大きい理由は、性淘汰によって説明できる。大きいオスほど闘いに勝つ傾向があるので、ハレムの主は大きいオスであることが多い。そのため、体が大きいオスほど子をたくさん残す傾向がある。いっぽう、メス同士が闘うことはない。そのため、体が大きいから子をたくさん残せる、ということもない。そこで、体を大きくするような性淘汰は、オスだけに作用することになる。

ハレムの主であるオスは、体が大きくて強いオスなので、そういうオスと交尾することは、メスにとっても利益があると解釈される。体が大きくて強いオスと交尾すれば、生まれる子にも、体が大きくて強い傾向があるだろう。その子がオスであれば、またハレムの主になって、孫をたくさん作れる可能性が高いからだ。

しかし、ゾウアザラシのメスは、そういう解釈に合った行動を取るとは限らないようだ。

1個体のオスと多数のメスからなる集団をハレムと言うが、ゾウアザラシのハレムの周辺には、争いに負けたオスがうろついている。そういうオスは、ハレムの主のオスが他のオスと争っているときなどにハレムに侵入して、メスと交尾することがある。このような交尾を

ゾウアザラシ

ゾウアザラシは1頭のオスが多数のメスを従えてハレムを形成する(TT News Agency/時事通信フォト)

「つがい外交尾」と言う。

ちなみに「つがい」というのは一夫一妻のオスとメスのことだが、「つがい外交尾」の場合は一夫一妻だけでなく一夫多妻でも「配偶相手以外の異性と交尾する」という意味で使用する。

さて、ハレムを作れなかったオスが、つがい外交尾をすることを述べたが、じつは、つがい外交尾をしようとするのは、オスだけではない。ハレムのメンバーであるメスの中にも、周辺にいるオスと、つがい外交尾をしようとするものがいるのである。

もちろん、ハレムの主のオスは、他のオスに近づこうとするメスを見つけると、嚙みついたりして、他のオスのほうへ行くのを阻止する。ハレムの主のオスは体が大きいので、ときにはメスを嚙み殺してしまうこともある。こんな危険を冒してまで、なぜメスが争いに負けたオスと交尾しようとするのかは、よくわからない。しかし、たしかなことは、オスとメスでは利害が一致していない、ということだ。そのため、オスとメスのあいだで争いが起きるのだ。メスにとってハレムに囲われることとは、かならずしも理想的な状態ではないのだろう。

第4章

メスの選り好みはどう進化したか

直接淘汰と間接淘汰

性淘汰の例としては、オス同士の争いが有名だが、メスが行動を起こすこともある。ゾウアザラシのメスの場合のように、理由がよくわかっていない行動もあるが、かなり研究されている行動もある。それは、メスによるオスの選り好みだ。特定のオスを選ぶことで、メスの側も、より多くの利益を得ることができるのだ。

さて、メスの選り好みが進化した理由を考える前に、自然淘汰について以前とは別の観点から少し整理しておこう。自然淘汰というのは進化のメカニズムの1つで、「多くの子を残す」特徴を進化させるメカニズムだ。

「多くの子を残す」特徴の中には「生存に有利な」特徴や「繁殖に有利な」特徴が含まれる。「生存に有利な」特徴を進化させるメカニズムを環境淘汰と言い、「繁殖に有利な」特徴を進化させるメカニズムを性淘汰と言う。つまり自然淘汰は、環境淘汰と性淘汰の2種類に分けられるのだ。

「環境淘汰」という言葉はあまり使われないが、英語では性淘汰以外の自然淘汰を表す用語としてecological selection（あるいはenvironmental selection）がある。アメリカの植物学者で、すぐれた進化生物学の教科書の著者としても有名なダグラス・J・フツイマも、自身の教科書の中で使用している。そこで本書でも、「性淘汰以外の自然淘汰」の意味で「環境淘汰」を使うことにする。

さらに、自然淘汰には別の分け方もある。それは直接淘汰と間接淘汰だ。

たとえば、A国ではバスケットボールが盛んなため、ヒトの身長が高くなるように進化したとする。身長が高くなると体重も重くなることが多いので（つまり身長と体重には相関があるので）、その国のヒトは体重も重くなるように進化していった。

ところで、身長が高ければバスケットボールに有利だが、体重が重くてもバスケットボールに有利ではない（ことにしよう）。そのため、自然淘汰が直接作用しているのは身長であって、体重が重くなったのは、身長が高くなったことによる副次的な結果にすぎない。このような場合、身長が高くなる進化のメカニズムを直接淘汰と言い、体重が重くなる進化のメカニズムを間接淘汰と言う。

つまり、ある形質に自然淘汰が作用した結果、その形質が進化するメカニズムを直接淘汰と言い、ある形質に自然淘汰が作用した結果、その形質と相関のある別の形質が副次的に進化するメカニズムを、間接淘汰と言うわけだ。この「別の形質」というのは、「別の個体」でもかまわない。ある個体の形質に自然淘汰が作用した結果、別の個体の適応度に影響が出るメカニズムも、間接淘汰に含まれることになる。

ちなみに、隣のB国では相撲が盛んなため、ヒトの体重が重くなるように進化した。体重が重いほうが、相撲に有利だからだ。さて、A国でもB国でも体重が重くなるように進化したわけだが、そのメカニズムは異なる。A国では間接淘汰が、B国では直接淘汰が働いたのである。

それでは、メスによるオスの選り好みに、話を戻そう。メスの選り好みが進化したメカニズムは、おもに次の2つに分けられる。1つは直接淘汰によるもので、もう1つは間接淘汰によるものだ。

直接淘汰による進化

まず、直接淘汰によって進化したメスの選り好みについて考えてみよう。つまり、メスが選り好みをすることによって、そのメス自身がより多くの子を残した結果、メスの選り好み

ウペロレイア

オーストラリアに棲むウペロレイアというカエル

が進化した場合だ。例としては、オスの体の大きさに対するメスの選り好みがある。

オーストラリアに棲むウペロレイアというカエル（*Uperoleia laevigata*）のオスは、繁殖期になると池の周りで鳴き始める。その声を聞いて、メスたちがやってくる。このメスたちは、オスの鳴き声が高いか低いか、つまり周波数を聞き比べて、自分の好みのオスを探すらしい。

オスの鳴き声の周波数は、体の大きさを反映している。鳴き声が高いほうが体が小さく、低いほうが体が大きい。そこで、メスは鳴き声が低くて体が大きいオスを選ぶのかと言うと、そういうわけではないようだ。メスの体の大きさはまちまちだが、どのメスも自分の体重の70パーセントぐらいのオスを選ぶのである。メスはなるべく大きなオスを選びそうなものだが、どうしてこのカエルはそうしないのだろうか。

このカエルは、メスとオスがペアになると、メスの背中にオスを乗せて、産卵するところまで泳いでいく。そしてメスは、水中の植物の茎に1粒ずつ卵を産む。オスは、その卵1粒ずつに精子をかける。こうして、ゆっくり産卵と受精を行っていくので、すべてを終えるのに7時間ぐらいかかるらしい。このあいだ、メスはオスをずっと背負っているので、かなりの重労働だ。そのため、あまり大きなオスだと背負いきれないのだろう。実際、大きすぎるオスとペアになったメスの中には、産卵の途中で力尽き、溺れて死んでしまうものもいると言う。

それなら、なるべく小さなオスを選べば、途中で力尽きることもなく産卵を終えられそうだ。しかし、小さすぎるオスを選ぶと、メスは自分が持っている卵をすべて受精させるだけの精子をもらえない可能性がある。そのため、メスにとっては、自分の体重の70パーセントぐらいのオスがちょうどよいのだろう。

婚姻贈呈――オスからメスへのプレゼント

直接淘汰によって進化したメスの選り好みの別の例としては、オスがメスに贈るプレゼントに対する選り好みも挙げられる。これは婚姻贈呈と呼ばれ、よく贈られるのは食料である。食料がたくさんあれば子もたくさん作れるので、食料をプレゼントされれば、繁殖に利益をもたらすことは間違いない。

アメリカに棲むツマグロガガンボモドキは、蚊ではないが、蚊に少し似た昆虫である。肉食性で、小さな虫を捕まえて食べる。このツマグロガガンボモドキのオスは、捕まえたエサをメスに持っていく。エサが小さかったり不味いものだったりすると、メスは立ち去ってしまう。しかし、エサが大きくて食べられるものなら、メスはそのエサを食べ始める。そのあいだに、オスは交尾するのである。このエサが大きいほど交尾時間が長くなり、送り込む精子の数が増えることも明らかにされている。

ある種のクモやカマキリなどは、婚姻贈呈という習性を極限まで推し進めた。交尾の最中に、メスがオスを食べるのだ。こうした性的共食いは、もともと捕食者である種で進化する傾向にある。メスはオスを、たんなる獲物として見ているのかもしれない。

　交尾をしているときに、カマキリのオスの頭は、メスの頭の近くにある。そこでメスは、オスの頭を食べてしまう。頭を食べられても、オスの体はしばらく生きているので、交尾に支障はない。さらに、オスの体に含まれているアミノ酸を追跡した研究によれば、メスに食べられたオスのアミノ酸は、メスが産んだ卵にきちんと引き継がれていると言う。また、オスを食べたメスのほうが、食べなかったメスよりも、多くの卵を産むことが確認されている。メスに食べられたオスの体は、きちんと婚姻贈呈として役に立っているというわけだ。

　ただし、オスがメスにかならず食べられてしまうわけではない。交尾の最中にメスに食べられてしまうオスは、だいたい20パーセントぐらいらしい。

　クモも交尾の最中に、メスがオスを食べることがある。セアカゴケグモは交尾をしているあいだに、オスがひっくり返って、腹部をメスの口の前に差し出す。そして、オスはメスに食べられてしまう。この行動は、オスにとっても利益があると解釈されている。食べられているあいだに、より多くの精子を渡せるし、食べられたオスの体は、子のための栄養になる可能性が高いからだ。

　とはいえ、そういう解釈が、いつも成り立つわけではない。アシナガグモの仲間は、オスとメスがお互いに上顎を咬み合わせた、独特な姿勢で交尾する。この上顎には牙が生えているが、ときには交尾が始まる前に、この牙によってオスは頭を貫かれて殺されることがある。

また、ハエトリグモは、メスにアピールする求愛行動として、オスがダンスをする。ジグザグに歩いたり、肢を振り上げたり、腹をピクピクさせたりするのである。そして、このダンスがメスに受け入れられれば、オスはメスと交尾することができる。ところが、このダンスが受け入れられないと、オスはメスに食べられてしまうことがある。

交尾の最中にオスがメスに食べられる場合は、両者に利益がある可能性がある。しかし、交尾する前にオスがメスに食べられる場合は、メスには利益があるかもしれないが、オスに利益があるとは考えにくい。この場合、オスとメスの利害が一致していないことになる。

メスが選り好みをすることによって、そのメス自身がより多くの子を残せる場合、つまり直接淘汰によって、メスの選り好みが進化した場合の例として、ウペロレイアというカエルの体の大きさに対する選り好みと婚姻贈呈を紹介した。その他にも、よい縄張りを持っていること、子育てに協力すること、捕食者から守ってくれること、性病を持っていないことなどに対する選り好みが、直接淘汰によって進化したメスの選り好みの例とされている。

感覚バイアス――繁殖と関係ない特徴から進化する

メスの選り好みには、直接淘汰によって進化したものと、間接淘汰によって進化したものがある。これまでに述べたオスの体の大きさに対する選り好みや婚姻贈呈は、直接淘汰によって進化した例であった。それでは次に、間接淘汰によって進化した例として、感覚バイアスについて考えてみよう。

南米北部などに棲むグッピーは、変化に富んだ美しい色をした魚で、観賞魚として親しまれている。メスよりもオスのほうがずっと派手で、体がオレンジ色や青色だったり、黒の斑点や縞(しま)模様が散りばめられていたりする。とくにカリブ海のトリニダード島に棲むグッピーはよく研究されており、オレンジ色の部分が多いオスを、メスが好むことが知られている。

なぜ、メスがオレンジ色を好むのかはわからないけれど、そのヒントとなりそうな実験は行われている。グッピーの水槽に、さまざまな色の小さな円盤を入れてみたのだ。すると、グッピーは、他の色の円盤よりも、オレンジ色の円盤をつつく回数が多かったのである。

この結果は、もしかしたらメスが、オレンジ色の円盤をオスと間違えたせいかもしれない。でも、それだけではなさそうだ。なぜなら、メスだけでなく、オスもオレンジ色の円盤をつつく回数が多かったからだ。ということは、グッピーは、オレンジ色の円盤をエサと間違えた可能性もある。

グッピーは、川に落ちてくるオレンジ色の果物を食べる。そのため、オレンジ色の物体を好んでつつくグッピーは、生存に有利である可能性が高い。そういう性質を持っていれば、オレンジ色の果物が川に落ちてきたときに、いちはやくその果物を見つけて食べることができるだろうし、水が濁っているようなときにも、エサを見つけやすくなるかもしれない。そうであれば、自然淘汰によってオレンジ色を好む傾向が進化しても、不思議はないだろう。もちろん、これはあくまで想像にすぎないけれど。

さて、もう少しだけ想像を続けよう。そういうオレンジ色を好む集団の中で、たまたま体にオレンジ色の斑点が付いたオスが現れたとしよう。すると、そういうオスは、メスに好まれたかもしれない。その可能性は十分にあるし、そうであれば、体にオレンジ色の斑点を付けたオスが、どんどん増えていくと考えられる。そのほうがメスと交尾するチャンスが増えて、多くの子を残せるからだ。

このように、繁殖とは直接関係のない理由で進化した感覚によって、配偶者に対する選り好みが副次的に起きるという説を、感覚バイアス説と言う。これは、繁殖とは直接関係のない形質に自然淘汰が作用した結果、繁殖に関係する形質が副次的に進化したと考えられるので、間接淘汰による進化と言える。

自然界には感覚バイアスの証拠がある

今述べたグッピーのシナリオは、感覚バイアスを説明するための想像だが、実際に感覚バイアスが存在する証拠はあるのだろうか。

メキシコなどに生息しているソードテールという熱帯魚は、オスもメスも美しい色をしていて、観賞魚として親しまれている。ソードテールのオスは尾鰭（おびれ）の下の部分が長く伸びており、この長く伸びた部分が刀（ソード）みたいなので、ソードテール、あるいはツルギメダカと呼ばれる。いっぽう、メスの尾鰭にはソードがなく、メスはオスをソードの長さによって選り好みすることが知られている。メスは、ソードが長いオスを好むのである。

このソードテールの近縁種に、プラティという魚がいる。やはり観賞魚として親しまれている魚だが、プラティの尾鰭にはソードがない。これらの魚に他の近縁種も加えて系統を解

ソードテール

ソードテールのオスは尾鰭の下の部分が長く伸びている（dpa/時事通信フォト）

析し、進化の道筋を推測したところ、ソードのない尾鰭が祖先的で、ソードは新しく進化してきた特徴だと結論された。

そこで、本来ソードを持たないプラティのオスに、プラスティックの尾鰭を継ぎ足してみると、プラティのメスは尾鰭を継ぎ足したオスを好んだのである。つまり、プラティのメスには、現実には存在しない尾鰭の長いオスを好む傾向があったのだ。これは感覚バイアスが実際に存在している証拠と考えられる。

ここで、ソードテールに話を戻そう。おそらく昔のソードテールは、長い尾鰭を持っていなかった。しかし、そのころからメスのソードテールには、長い尾鰭を持つオスを好むという感覚バイアスが、すでに存在していたのだろう。

そういう状況のもとで、たまたま長い尾鰭を持つオスが現れれば、そのオスはメスに好まれて、より多くの子を残すことができたにちがいない。その結果、尾鰭の長いオスが増えてきて、現在のようなソードテールが進化したのであろう。

感覚バイアスでは説明できないこと

しかし、不思議なこともある。トリニダード島に棲むグッピーの、いくつかの集団を比較すると、オスの体色の派手さが異なるだけでなく、メスの派手好みの程度も異なっていたのである。オスが派手な集団ではメスも派手好みで、オスが派手でない集団ではメスも派手好みでなかったのだ。

オスの派手さの程度が、集団ごとに異なることは理解しやすい。派手なオスは目立つので、メスのグッピーだけでなくグッピーの捕食者、つまりグッピーを食べる魚も引き付けてしまう。そのため、捕食者が多いところでは、オスはあまり派手になることができない。いっぽう、捕食者が少ないところでは、オスはかなり派手になることができる。グッピーに対する捕食圧の高さと、グッピーの体色の派手さは、相反する現象で、片方が高くなれば、もう片方は低くなるのである。

このように、オスの派手さの程度は、捕食圧で説明できる。実際、自然界の集団の観察でも、飼育実験でも、その説明を支持する結果が得られている。しかし、メスの派手好みの程度が、オスの派手さの程度と相関していることを、捕食圧で説明することは難しい。少なくとも、直接の関係はないだろう。

それに、そもそも感覚バイアス説というのは、オスの派手さを説明する説であって、メスの選り好みを説明する説ではない。メスの選り好みがすでに進化していたことは、感覚バイアス説の前提であって、結果ではないのだ。したがって、メスの選り好みについて説明することはできないのである。

それでは、なぜメスの派手好みの程度が、オスの派手さの程度と関連しているのだろうか。

ランナウェイ過程——暴走する正のフィードバック

イギリスの生物学者、ロナルド・フィッシャー（1890〜1962）は20世紀前半に、性淘汰に関する以下のようなモデルを考えた。

たとえば、ある生物のオスには何らかの飾りが付いていて、その派手さには変異があるとする。つまり、派手なオスから地味なオスまで、いろいろなオスがいるということだ。

しかし、最初のころは、メスは飾りによってオスを選んではいなかった。飾りが派手なオスでも地味なオスでも、メスと交尾できる確率は同じだった。

ところがあるとき、何らかのきっかけで、より派手なオスを好むメスが現れた（フィッシャー自身は派手さがすぐれた生存能力を示す場合を想定した）。すると、そのメスは、派手なオスを選んで交尾する。いっぽう、選り好みをしないメスは、派手なオスとも地味なオスとも、同じ確率で交尾する。そのため、全体を平均すれば、派手なオスのほうが、メスに選ばれる確率が高くなる。つまり、派手なオスのほうが、子を多く残せる。その結果、オスは地味から派手に向かって進化し始めることになる。

いっぽう、メスの側から考えると、地味なオスを選ぶより、派手なオスを選んだほうが、孫をたくさん残せることになる。

派手なオスとのあいだに生まれた息子は、地味なオスとのあいだに生まれた息子より、派手な傾向がある。そのため、その息子（派手なオスとのあいだに生まれた息子）は、ふたたびメスに選ばれる確率が高くなり、より多くの子を残せる。つまり、最初のメスから見ると、より多くの孫を残せる。その結果、メスは、選り好みをしない性質から、選り好みをする性質に向かって、進化し始めることになる。

以上は息子のことを考えたが、娘の場合はどうなるだろうか。選り好みをするメスの娘は、自分も選り好みをすることにより、(母親の場合と同じ論理で)より多くの孫を残せる。つまり最初のメス(つまり母親)から見ると、より多くのひ孫を残せる。その結果、メスは、選り好みをしない性質から選り好みをする性質に向かって進化し始めることになる。

このように、メスの「派手好みという形質(あるいは遺伝子)」は、オスの「派手さという形質(あるいは遺伝子)」に、ヒッチハイクする形で引きずられていく。つまり、オスの派手さとメスの派手好みに正のフィードバックが働いて、両者は暴走するように進化していく。フィッシャーの考えた、こういう過程を、「ランナウェイ過程」と言う。ランナウェイ過程が起きていれば、さっきは不思議に思えたオスの派手さとメスの派手好みが関連していることも、うまく説明できるのである。

このランナウェイ過程の特徴は、メスに好まれるというだけの理由で、オスの派手さが進化していくことだ。オスが派手になることによって生存力が高まったり、オスの派手さが生存力の高さを示していたりする必要はない。そんなことはどうでもよいのである。

さて、ランナウェイ過程がどんどん進行していけば、オスの派手さもメスの派手好みも、どんどん激しくなっていく。メスの派手好みはともかく、オスの派手さがあまり激しくなると、生きていくのに負担となる可能性が高い。

もちろん、メスが選り好みをすることにもコストはかかるので、そのコストが生きていくために負担となることはあるだろう。たとえば、オスを選ぶために鋭敏な感覚器が必要だったり、好みのオスを探すために長い距離を移動したりすることは、メスにとって負担になるはずだ。

しかし、オスが派手になるためのコストは、メスが派手好みになるコストよりもはるかに大きい。捕食者に見つかりやすくなったり、捕食者から逃げる速さが遅くなったりすれば、ただちに命にかかわるからだ。

それでも、メスに選ばれる利益が、生存への負担を上回っているあいだは、ランナウェイ過程は進行し続ける。しかし、生存への負担がどんどん大きくなって、ついにメスに選ばれる利益と等しくなったとき、ランナウェイ過程は止まると考えられる。

このようにランナウェイ過程は、オスの派手さとメスの選り好みが関連していることだけでなく、シュモクバエの眼柄のような過剰な形質、つまり生存に不利な形質が進化したこともうまく説明できる。

また、グッピーのケースのように、捕食圧の高さと体色の派手さが相反する現象であることも、生存への負担とメスに選ばれる利益が等しくなったときにランナウェイ過程が止まると考えることによって理解できる。

さらに、ランナウェイ過程が進行し始めるためには、まず何らかのきっかけで、より派手なオスを好むメスが現れることが必要である。グッピーの場合は、川に落ちてくるオレンジ色の果物を食べるために、もともとオレンジ色の物体を好む性質があったと考えれば、このきっかけも説明できるかもしれない。

つまり、「最初は感覚バイアスによって、オスの派手さが進化した。それからランナウェイ過程が始まって、オスの派手さとメスの派手好みが両方とも暴走していった。しかし、オスが派手になっていくにつれて生存への負担が増大し、派手さと負担がつり合ったところでランナウェイ過程が止まった」というシナリオだ。

ところで、ランナウェイ過程では、メスが選り好みをすることによって、そのメス自身がより多くの子を残すわけではない。したがって、メスの選り好みは、直接淘汰によっては進化しない。

ランナウェイ過程では、メスが選り好みをすることによって、そのメスがより多くの孫などを残した結果、メスの選り好みが進化する。つまり、ある形質（メスの選り好み）と相関のある他の形質（息子の派手さ）に自然淘汰が作用した結果、ある形質（メスの選り好み）が副次的に進化するのである。したがって、ランナウェイ説では、メスの選り好みは間接淘汰によって進化することになる。

優良遺伝子説——遺伝子の良し悪しを間接的に判断する

ところで、メスの選り好みの進化を、間接淘汰によって説明する考えには、ランナウェイ説と同じくらい有力な説がある。それは「優良遺伝子説」である。

もし婚姻贈呈のようにオスがメスにプレゼントを持ってくれば、それはメス自身の繁殖に対する直接的利益となる。しかし、オスがメスにプレゼントを持ってこなくても、交尾をすれば、メスがオスから必ずもらうものがある。それは遺伝子だ。

遺伝子には、プレゼントと違う特徴がある。それは、目で見たり、匂いを嗅いだりできないことだ。前に述べたように、ツマグロガガンボモドキのオスは、捕まえたエサをメスにプレゼントする。もしエサが小さかったり不味かったりすれば、メスは拒否する。しかし、エサが大きくて食べられるものなら、メスは食べ始め、そのあいだにオスは交尾をする。

プレゼントなら目で見たり匂いを嗅いだりできるので、メスはその良し悪しを判断できる。ところが遺伝子は、目で見たり匂いを嗅いだりできないので、その良し悪しを判断できない。しかし、遺伝子の良し悪しがわかるような別の形質があれば、話は違ってくる。その形質が遺伝子の良し悪しを反映していて、かつ外からわかるものであれば、その形質をもとにして、遺伝子の良し悪しを間接的に判断できるからだ。

たとえば、よい遺伝子を持っているオスほど、体色が派手な場合だ。その場合は、体色が派手なオスを好むような、メスの選り好みが進化するはずである。このような考えを、優良遺伝子説と言う。

この体色の派手さのような、メスの選り好みの対象になる形質を、誇示形質と呼ぶことがある。誇示形質は、外からわかるものであればよいので、かならずしも形や色である必要はない。鳴き声や匂いやダンスの巧みさでもかまわない。

「左右対称なものほど魅力的」は真実か？

ただし、誇示形質によって遺伝子の良し悪しを推測することは、実際にはなかなか難しそうだ。遺伝子の良し悪しは、健康状態にも反映されるだろうが、その健康状態でさえ、誇示形質から推測するのは簡単ではない。

私たちヒトが行っている通常の定期健康診断では、いろいろな問診や検診を行う。しかし、アメリカの医学会による調査*によれば、将来の健康状態の予測に役立つのは、せいぜい体重と血圧ぐらいらしい。かなり健康状態の悪い人は別にして、そこそこ健康な人同士を比べた場合、健康状態の良し悪しについてはあまり区別がつかないようだ。

健康状態を推測するときに、見た目を観察することは、もちろん重要だ。しかし、言語を使って生活や体調について質問したり、装置を使って検査をしたりすれば、さらに多くの情報が得られるだろう。だが、そういう問診や検診をしても、健康状態については限られた情報しか得られないのであれば、ヒト以外の動物について、誇示形質から健康状態や遺伝子の良し悪しを推測するのは、かなり難しいのではないだろうか。

１９９０年代の初めに、ツバメを使って優良遺伝子説を支持する論文が発表された。ツバメのオスは、長くて左右対称な尾羽を持つほど遺伝的な質が高く、メスにも好まれると言うのである。「左右対称なものほど遺伝的な質が高い」あるいは「左右対称なものほど魅力的である」という考えは、わかりやすかったせいか人気が出て、その後さまざまな生物について左右対称な配偶者が好まれるという論文が発表された。

しかし、１９９０年代も半ばになると、この説を批判する論文が発表され始めた。結果を確かめるために追試をしても、うまくいかなかったのだ。そして21世紀になるころには、一部（セイランという鳥など）を除いて、ほとんどの研究が支持を失うことになった。

科学においては、「ＡとＢは関係がある」という結果は歓迎されるが、「ＡとＢは関係ない」という結果は歓迎されない傾向がある。そのため、「ＡとＢは関係ない」という論文は発表されにくく、どうしても「ＡとＢは関係がある」という論文が多くなりがちだ。

さらに問題なのは、実際にＡとＢには関係がなくても、何回も実験や観察をすれば、たまには偶然にＡとＢのあいだに相関が見られる場合がある、ということだ。

＊ Mehrotra and Prochazka (2015) *New England Journal of Medicine* 373:1485-87.

たとえば、こういう研究はヒトについても行われたが、ヒトの体で左右対称性を測れるところはたくさんある。眼とか耳とか指とか腕とか足とか、手首の太さとか二の腕の太さとか太ももの太さとか足首の太さとか、数えきれないほどたくさんある。これらをいろいろと測ってみれば、さまざまな結果が出てくる。それらの中には、たまたま研究者にとって都合のよい結果も含まれているかもしれない。

もしも、相関が出なかったときは発表しないで、相関が出たときだけ発表すれば、論文の結果は人々を誤った解釈に導くだろう。つまり、実際には相関がないのに、相関があると解釈されてしまうだろう。

発表されなかった研究については知る由がないので、はっきりしたことは言えないけれど、「左右対称なものほど遺伝的な質が高い」現象が（例外的には存在するにしても）一般的なものでないことは確かなようだ。

これは科学の失敗例としてわりと有名な話だが、それと同時に、繰り返し実証に失敗しているにもかかわらず生き返ってくることでも有名な話だ。そのため、この説は、ゾンビのような説と言われることもある。この左右対称の話は、よほど魅力的なのだろう。

ハンディキャップ説——不必要な特徴は余裕のあらわれ?

以上に述べたように、誇示形質と遺伝子の良し悪しのあいだに、直接的な関係を見つけることは難しい。しかし、考えてみれば、誇示形質によって遺伝子の良し悪しを推測するためには、かならずしも両者のあいだに直接的な関係がある必要はない。両者に直接的な関係がなくても成り立つ優良遺伝子説としては、イスラエルの進化生物学者、アモツ・ザハヴィ(1928~2017)が唱えた、「ハンディキャップ説」がある。

オス鳥の長い尾羽のような誇示形質は、生きていくために邪魔に思えるが、ハンディキャップ説では、本当に邪魔であると考える。そして、その邪魔なことが重要なのだと考える。オスの誇示形質は、「自分はそのようなハンディキャップがあっても大丈夫なくらい実力に余裕があるのだ」という宣伝に使われている、と言うのである。

こんな話を想像してみよう。ある国に王様がいて、かねがね力持ちの家来を召し抱えようと考えていた。その噂(うわさ)を聞いて、2人の若者が名乗りを上げた。若者は2人とも、400キログラムの石を持ち上げられると主張した。それはすごい、と王様は驚き、2人とも召し抱えようとした。しかし、そのとき、耳元で家来が囁いた。

「王様、慎重になってください。こいつら、嘘をついているかもしれません。実際に400キログラムの石を用意して、持ち上げさせてみたらいかがですか?」

それももっともな話だと王様は思い、400キログラムの石を用意して、若者たちに持ち上げさせてみた。すると、1人は本当に400キログラムの石を持ち上げることができたが、もう1人はまったく持ち上げることができなかった。そこで王様は、持ち上げられた若者だけを家来にして、もう1人は追い返してしまった。

さて、この話には、力持ちであることを示す2つの方法が出てくる。1つは、自分は力持ちだと口で言うことだ。しかし、力持ちだと口で言うだけなら、力持ちでなくてもできる。そのため、この方法は、力持ちであることを示す確かな方法とは言えない。

もう1つの方法は、実際に重い石を持ち上げることだ。重い石を持ち上げることは、力持ちにしかできないので、この方法は、力持ちであることを示す確かな方法と言える。

このように、A(たとえば力持ち)であることを示す印は、Aにしかできないこと(たとえば重い石を持ち上げる)がよい。AでもAでなくてもできることは、Aであることの印にはならないのだ。

ハンディキャップ説では、優良な遺伝子を持つオスは生存力が高いので、邪魔な誇示形質があっても生きていける、と考える。いっぽう、生存力が低いオスは、邪魔な誇示形質があると生きていけないので、邪魔な誇示形質を持つことができない。したがって、邪魔な誇示形質を持っていることは、オスの生存力の高さを、ひいては遺伝子の優良さを示す確かな印になる。

AとBのあいだに直接の関係がなくても、Aを持つ者にしかBができないのであれば、Bを確認することによってAを持つことが推測できるのである。

シュモクバエの長い眼柄はハンディキャップ説の例

シュモクバエのオスの長い眼柄は、オス同士の争いにも重要だが、メスもまた、眼柄の長いオスを好むことが知られている。この、シュモクバエのオスの長い眼柄は、ハンディキャップ説の実例の1つとされている。

シュモクバエのオスを、いろいろなエサで育てて、そのときの眼柄の長さを調べた研究がある。* シュモクバエのオスたちの一部は、エサの条件がよくても悪くても、長い眼柄を発達させることができた。いっぽう、別のオスたちは、エサの条件がよいときは、長い眼柄を発達させることができたが、エサの条件が悪くなると、短い眼柄しか作れなくなった。

これは、「シュモクバエの長い眼柄が、ハンディキャップとなる誇示形質である」ことを示していると解釈できる。長い眼柄を発達させることは、シュモクバエのオスにとって負担なのだろう。そのため、エサの条件が悪くなると、負担に耐え切れずに、短い眼柄しか作れないオスが出てくるのだ。

しかし、エサの条件が眼柄の長さに与える影響には、個体差がある。生存力の高いオスは、エサの条件が悪くなっても、長い眼柄を発達させることができる。しかし、生存力の低いオスは、エサの条件が悪くなると、短い眼柄しか作れなくなる。したがって、シュモクバエのメスは、眼柄の長さによってオスを選んでいれば、生存力の高いオス、つまり質の高い遺伝子を持つオスと交尾することができる。

もっとも、エサの条件がよいときには、生存力の高いオスと低いオスが区別できないので、どちらとも同じ確率で交尾してしまうかもしれない。それでも、少なくともエサの条件が悪いときに生存力の高いオスと交尾すれば、平均的には生存力の高いオス、つまり質の高い遺伝子を持つオスとより多く交尾することになる。このように、シュモクバエの眼柄は、ハンディキャップ説の実例と考えられている。

ただし、この結果から、メスの選り好みが進化したおもな要因がハンディキャップの原理であるとまでは言えない。たとえハンディキャップ説が成り立っていても、さらに大きな要因が他にある可能性があるからだ。その点には注意が必要だろう。

ハンディキャップ説はどこまで成立するのか

これ以外にも、実際にはいろいろなケースがある。モモイロペリカンは繁殖期になると、オスもメスも両眼のあいだに瘤（こぶ）ができる。この瘤があると嘴（くちばし）の先端が見えなくなるので、魚を捕るのが難しくなる。それにもかかわらず、魚をきちんと捕まえられるオスは、漁が上手なオスと考えられる。ザハヴィによれば、この瘤が誇示形質で、ハンディキャップになっていると言う。その後、ヒナを育てる時期になると瘤は縮むので、漁の上手なオスは本来の力を発揮して、ヒナに魚をたくさん捕ってくるようになる。このように誇示形質が繁殖期に

＊ David et al. (2000) *Nature* 406: 186-88.

だけハンディキャップになるのであれば、ハンディキャップ説は無理なく成り立つことになる。

ハンディキャップ説を唱えたザハヴィは、さまざまな生物現象で、広くハンディキャップの原理が成り立っていると主張している。その範囲はメスによる選り好みにとどまらず、ヒトの髪や細胞同士のコミュニケーションにまで及んでいる。

たとえば、ヒトの髪は放っておけば長くなって邪魔だけれど、太古の人類にとっては、持ち主の知能と健康状態を示す誇示形質になっていたと言う。整った髪は、それを手入れする技術とその土台となる知能を持っていることを示し、髪の艶は健康状態を示しているからだ。

また、細胞同士のコミュニケーションにおいても、ハンディキャップの原理が成り立っていると、ザハヴィは考えている。ただし、私たちのような多細胞生物の細胞の場合、ハンディキャップの原理によって示されるものは、遺伝子の良し悪しではない。私たちの体の中のほぼすべての細胞（一部の免疫細胞や生殖細胞を除く）は同じ遺伝子を持っているので、それは当然だろう。では、何を示しているのかと言うと、細胞の表現型（細胞の種類や状態のこと）を示しているのだと言う。違う表現型の細胞には作れない化学物質をコミュニケーションに使うことによって、細胞同士のコミュニケーションの誤りを防いでいるらしい。

ザハヴィの言うように、ハンディキャップの原理が、生物界で広く成り立っている可能性はあるだろう。しかし、現時点では、それを支持する証拠は非常に少ない。そのため本書では、メスの選り好みに関するハンディキャップの原理だけを考えることにする。

もちろん、メスの選り好みが進化した要因の中にも、ハンディキャップ説ではうまく説明できないものもある。たとえば、次のグッピーの例だ。

「派手好きのグッピー」はハンディキャップ説で説明できるか？

前に述べたグッピーについて、もう一度考えてみよう。さきほどは、グッピーのオスの派手さとメスの派手好みが進化したメカニズムは、ランナウェイ説によって説明できると述べた。でも、ハンディキャップ説などの優良遺伝子説によっても、説明できるのではないだろうか。

グッピーのメスは派手なオスを好むので、派手なオスは地味なオスよりも多くの子を残す。派手な形質は遺伝するので、派手なオスの息子は、やはり派手になる傾向がある。このようなグッピーを、実験室で飼育して行った、こんな研究がある。

派手なオスの息子と、地味なオスの息子を、同じ条件で飼育して、生存率を比較した。すると、派手なオスの息子のほうが、生存率が低かった。性成熟に達する前でもあとでも、派手なオスの息子のほうが死にやすかったのである。

いっぽう、派手なオスの娘と、地味なオスの娘を、同じように比較した。すると、両者のあいだに生存率の差は認められなかった。

自然界のグッピーなら、派手なオスのほうが捕食者に見つかりやすいので、生存率が低いこともあるだろう。しかし、この研究は実験室で行われたので、捕食者は関係ない。派手なオスが死にやすかった理由は、派手な形質に伴う何らかの有害な遺伝子を持っていたからだと考えるほうが自然だろう。

派手なオスより地味なオスのほうが生存率は高いのだから、ふつうに考えれば、オスは地味になるように進化するはずだ。それにもかかわらず、オスが派手になるように進化してきたのは、派手なオスのほうが多くの子を残してきたからに他ならない。長生きする地味なオスが残す子の数より、早死にする派手なオスが残す子の数のほうが多かったのである。

その理由はメスに好まれるからであって、遺伝的な質が高いからではない。むしろ派手なオスのほうが、遺伝的な質は低いのだ。したがって、このグッピーのケースは、優良遺伝子説（ハンディキャップ説を含む）では説明できず、ランナウェイ説の例と解釈されている。

進化と「永久機関」の共通点

かつて人類は、永久機関という夢を見た。永久機関とは、外からエネルギーを与えなくても、何らかの仕事をし続ける装置のことだ。次ページの図は、そんな永久機関の例である。

2つの滑車がベルトでつながっており、そのベルトには四角い浮きがたくさん付いている。この装置の右半分は水槽の中にあるので、右側の浮きには上向きに浮力が働く。いっぽう、装置の左半分は空気中にあるので、左側の浮きには下向きに重力が働く。その結果、ベルトは永久に反時計回りの回転を続けることになる。

しかし、こういう装置は、残念ながら実際には存在しない。図のような装置の場合は、摩擦、水や空気の抵抗、ベルトを曲げるエネルギーなどによって、かならずエネルギーを失っていくので、永久に仕事をし続けることはできないのだ。

それでも、こういう永久機関を想像するのは楽しい。私たちは、重力や浮力などの気づき

永久機関

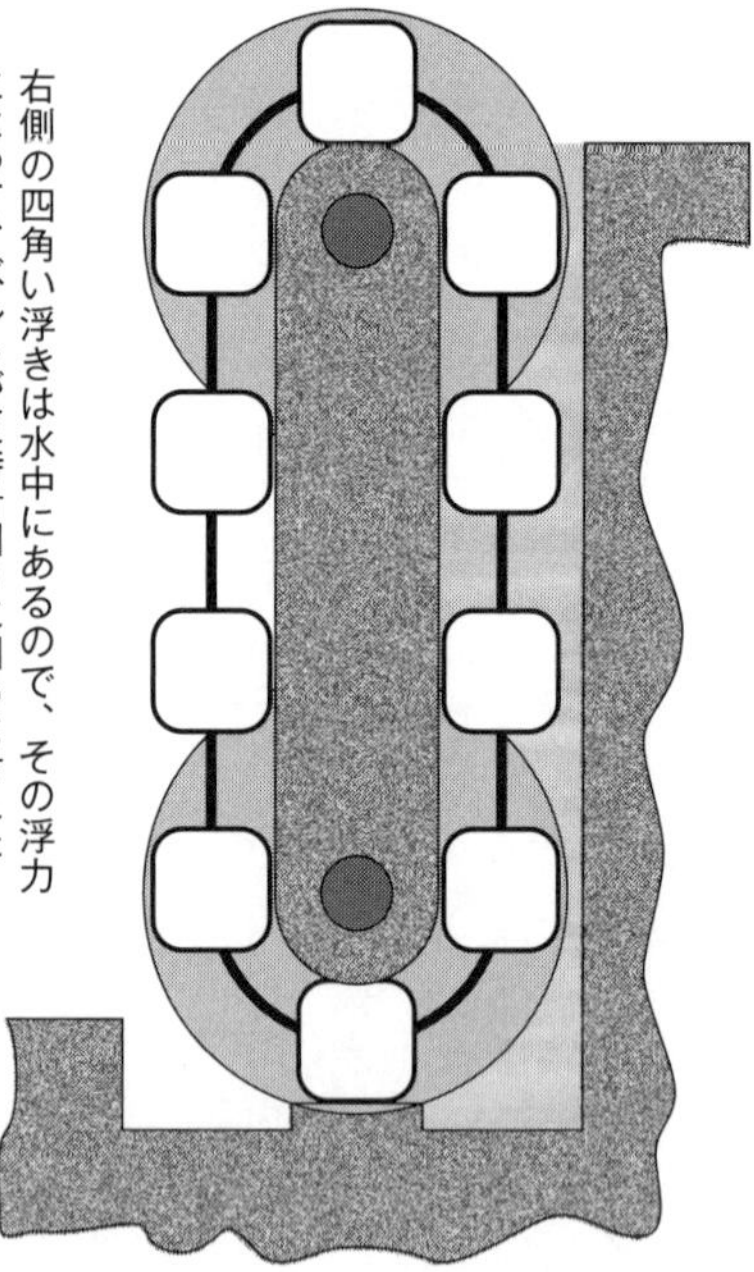

右側の四角い浮きは水中にあるので、その浮力によって、ベルトが反時計回りに回ると考えた

やすいものには注目するけれど、摩擦などの気づきにくいものには注目しない。そのため、永久機関が本当に永久に動き続けるような気分に浸れるのだ。

イメージとしては、これと似たようなことが、ランナウェイ説やハンディキャップ説についても言える。いや、ランナウェイ過程やハンディキャップの原理のことを、永久機関のような絵空事だと言っているわけではない。ランナウェイ過程やハンディキャップの原理は、おそらく実際に働いているだろう。

しかし、永久機関において、我々がつい摩擦のことを忘れてしまうように、ランナウェイ過程やハンディキャップの原理においても、つい忘れてしまうことがある。それは、コストである。

オスが誇示形質を作ったり、メスが選り好みをしたり、交尾したりするときには、どうしても一定のコストが生じてしまう。これらのコストは、ランナウェイ過程やハンディキャップの原理が進行するのを止める向きに作用する。ちょうど、永久機関における摩擦のようなイメージだ。

そのため、モデルを作ってコンピューターでシミュレーションをしてみると、なかなかうまくいかないようだ。たとえば、あるランナウェイ過程のシミュレーションでは、最初に選り好みをするメスが少ないと、ランナウェイ過程は進まない。選り好みをするメスを最初から増やしてシミュレーションを行えば、ランナウェイ過程は進むが、メスの選り好みのコストを条件に入れると、またランナウェイ過程は止まってしまう。

たしかに条件によってはランナウェイ過程も進行するのだけれど、その進む力はあまり強くないのである。そのため、現実に存在するメスの強い選り好みを説明できるかどうかについては、やや疑問が残る。

さらに、コストの他にも、ランナウェイ過程やハンディキャップの原理の進行を弱める原因がある。それは、両者を進行させる原動力が、間接淘汰であることだ。

ランナウェイ説やハンディキャップ説の場合、間接淘汰によってメスの選り好みが進化する理由は、孫の数が増えることである。いっぽう、直接淘汰によってメスの選り好みが進化する理由は、子の数が増えることである。子の数が増えれば、利益はすぐに回収できるが、孫の数が増える場合は、利益を回収するのがかなり先になる。

もしメスが、直接淘汰によって選り好みをするのであれば、つまり婚姻贈呈や子育てをしてくれるオスを好むのであれば、利益はすぐに回収できる。そのため、回収漏れはあまり起こらない。つまり、直接淘汰の場合、メスの選り好みはほぼ確実に進化する。

しかし、ランナウェイ説やハンディキャップ説のような間接淘汰の場合は、利益を回収するのがかなり先になるので、そのあいだには、いろいろなことが起こりうる。たとえば、伝染病が流行して、子が死ぬこともあるだろう。それでも直接淘汰の場合は、すでに子の段階で個体数が増えているので、伝染病にかかっても何匹かは生き残るかもしれない。しかし、間接淘汰の場合は、まだ子の段階では個体数が増えていないので、伝染病で子が全滅する可能性は高くなる。

当然だが、回収が先になればなるほど、回収できる確率は下がっていく。その結果、間接淘汰の場合、メスの選り好みを進化させる力は、どうしても弱くなってしまうのである。

しかし、21世紀になるころから、メスの選り好みの進化についての新しい説が広まってきた。それは性的対立説である。これは直接淘汰による説なので、ランナウェイ説やハンディキャップ説よりも、メスの選り好みを進化させる力が強い可能性がある。

第5章

オスとメスの対立

オスとメスの利害が一致しないとどうなるか

ショウジョウバエのオスの精液の中には、さまざまな化合物が含まれている。その1つは、他のオスの精子を殺す毒だ。こういう毒をメスに注入すれば、他のオスの精子より自分の精子のほうが卵と受精する確率が高くなるので、注入したオスにとっては好都合である。

しかし、この毒は、メスにとっては有害である。オスに毒を注入されたメスは、体が弱って寿命が短くなってしまうのだ。だが、メスの寿命が短くなっても、オスには痛くも痒（かゆ）くもない。どうせこの先、同じメスに子を産ませる見込みはほとんどないのだ。大切なのは今回の産卵だけで、ここで確実に自分の子を産んでくれれば、それで十分なのだ。

しかし、メスにとっては大変な迷惑だ。メスが産卵するのは今回だけではない。通常なら、この先、何回も産卵することができただろう。それなのに、毒によって寿命が短くなれば、生涯に作れる子の数が減ってしまう。つまり、この毒によって、オスの子は増えるが、メスの子は減る。オスとメスの利害が一致しないのだ。

さて、こういう状況の中で、たまたま突然変異が起きて、この毒を解毒できるメスが現れたらどうなるだろうか。そういうメスは、毒を注入されても寿命が短くならない。その結果、他のメスよりも多くの子を作れるので、個体数が増えていくはずだ。

しかし、オスにとっては大変な迷惑だ。せっかく毒を注入したのに、解毒されたら他のオスの精子を殺せない。そうしたら、自分の精子が受精できる確率が低くなってしまう。つまり、この突然変異によって、メスの子は増えるが、オスの子は減る。やはり、オスとメスの利害が一致しないことになる。

そうすると、今度はオスが、さらに強力な毒を進化させるかもしれない。すると、次にはメスが、さらに効果的な解毒剤を進化させるかもしれない。そうなれば、進化的な軍拡競争が始まって、進化がエスカレートしていくだろう。このような、オスとメスで利害が一致しない進化的な対立を、性的対立と言う。

この性的対立が実際に起きていることを実証した、有名な研究がある。[*] アメリカの遺伝学者、ウィリアム・ライスらは、ショウジョウバエを使って、一夫多妻の集団と一夫一妻の集団を作り出して、性的対立が進化することを示したのである。

＊ Holland and Rice (1999) *Proceedings of the National Academy of Sciences* 96: 5083-88.

一夫多妻の集団では、1匹のメスを複数のオスと交尾させた。そして、オス同士で精子競争が起きる状況を作り出した。こうして数十世代を経たあとでは、オスは強力な毒を持つようになった。

いっぽう、一夫一妻の集団では、オスとメスを1匹ずつペアにして交尾させた。そして、オス同士で精子競争が起きない状況を作り出した。こうして数十世代を経たあとでは、オスの毒は弱くなった。強力な毒を作るには高いコストがかかるので、もし精子競争がないのであれば、毒が弱くなる向きに進化が起きるのだろう。

また、一夫一妻の状況では、メスが産むすべての子は、オス自身の子でもある。その場合、メスの子を減らすことは、オスの子を減らすことを意味する。つまり、メスの不利益はオスの不利益でもあるので、やはり毒が弱くなる向きに進化が起きるのだろう。

さて、ここでライスらは、一夫多妻のオスと一夫一妻のメスを交尾させた。すると一夫一妻のメスは、一夫多妻のメスの半分以下しか産卵せず、寿命も短くなってしまったのである。この結果は、一夫多妻のメスは、性的対立により、精液の毒への抵抗性を進化させていたが、一夫一妻のメスは、性的対立を経験していないので、精液の毒への抵抗性が弱まっていたと解釈できる。

他のオスを近づけたくないオスvs.迷惑がるメス

性的対立の例は他にもたくさんある。たとえば、トンボが2匹つながって飛んでいることがあるが、あれは交尾したオスとメスで、メスが他のオスと交尾しないように、オスがガードしているのだ。

また、鳥類のアマツバメでは、メスの産卵期間中はずっと、オスがメスのあとについて飛ぶ。はたから見ていると、メスにとってはうっとうしいのではないかと思いたくなるが、これもメスが他のオスと交尾しないように、オスがガードしているのだ。

このように、オスがメスと一緒にいることで、他のオスの接近を防ぐことを「配偶者ガード」と言う。

メスにとっては、生まれてきた子が自分の子でない、ということはない。しかし、オスにとっては、生まれてきた子が自分の子でない、という可能性がつねにある。たとえメスと交尾しても、そのメスが他のオスとも交尾すれば、卵と受精したのがどちらのオスの精子だったかはわからないからだ。そこで、他のオスと交尾させないために、配偶者ガードが行われるのである。

　したがって、配偶者ガードはオスにとっては都合がよい行動である。しかし、メスにとってはどうだろうか。２匹がつながって飛べば、１匹で身軽に飛んでいるときより多くのエネルギーを使うだろうし、飛ぶ速度も遅くなって、敵に襲われやすくなるかもしれない。また、オスの精子に不具合がある場合もあるので、保険として複数のオスと交尾しておいたほうがよいのだが、そのチャンスも奪われてしまう。何にしても、メスにとってはあまりよいことはなさそうだ。おそらく配偶者ガードという行動は、オスとメスの利害が一致していないので、性的対立である可能性がある。

　ショウジョウバエにおける性的対立は、メスに毒を注入するというものだった。こういう過激な性的対立は少ないかもしれない。しかし、配偶者ガードのように、そこまで過激ではない性的対立もある。おそらく、オスとメスのあいだに利害の対立があることは、それほど珍しいことではないのだろう。

性的対立説――オスとメスの「軍拡競争」が進化を促す

精液に毒が含まれているショウジョウバエの場合、オスは交尾回数を増やしたほうが子の数が増えるけれど、反対にメスは、交尾回数を増やすと子の数が減ってしまう。交尾回数が増えれば、メスの体に注入される毒の量も増えるからだ。

このように、オスにとっては交尾回数が多いほうが有益で、メスにとっては少ないほうが有益であるケースは、しばしば存在すると考えられる。このような状況で、仮にオスの体には赤い斑点が付いており、その斑点の数がオスごとに異なる場合を考えてみよう。

メスがオスに対して選り好みをしなければ、メスは出会ったすべてのオスと交尾をするかもしれない。しかし、メスがオスに対して選り好みをすれば、たとえば赤い斑点が多いオスを好むとすれば、メスは出会ったオスの中で、赤い斑点が多いオスとしか交尾しないだろう。つまり、交尾回数が減るので、メスにとっては有益である。したがって、メスの選り好みは進化することになる。

いっぽう、オスにとっては交尾の回数が増えたほうが有益なので、メスに交尾を避けられないために、赤い斑点が増えていくはずだ。つまり、オスの赤い斑点が、メスに対する誇示形質として働き始めるわけだ。その結果、メスの選り好みとオスの誇示形質のあいだに進化的な軍拡競争が始まって、進化がエスカレートしていくだろう。

以上は性的対立説の、可能性としてありえるシナリオの一例である。性的対立説では選り好みをしたメス自身がより多くの子を残せるので、メスの選り好みは直接淘汰によって進化する。そのため、ランナウェイ説やハンディキャップ説のように間接淘汰を進化のメカニズムとする説よりも、メスの選り好みを進化させる力は強いと考えられる。

池の上をスイスイと進むアメンボは、交尾するときにオスがメスの背中に乗る。長いときには、2日間も乗ったままでいるが、これは配偶者ガードと考えられている。アメンボでは、メスが2匹のオスと交尾した場合、あとで交尾したオスの精子が受精に使われることが非常に多い。そのため、オスは、自分が交尾したメスが、他のオスと交尾しないようにガードしているわけだ。

しかし、交尾中は動きもにぶくなるので、天敵に襲われやすい。メスとしては早くオスと離れたいので、水面で宙返りをしたりして、オスを振り落とそうとする。いっぽう、オスは振り落とされるのを防ぐため、尾部の先端に付いている把握器でメスを摑(つか)んで離さない。ところがメスのほうも、オスの把握器に対抗するために、尾部の背面に突起を持っているのである。

このオスの把握器とメスの突起のあいだには、進化的な軍拡競争が起きているようだ。オスの把握器が発達している種では、メスの突起も発達しているし、オスの把握器がほとんどない種では、メスの突起もない。これは性的対立によって進化した形質だと解釈されている。

ショウジョウバエの精液の毒や、アメンボの把握器のように、性的対立説を支持する証拠はかなり多く、性的対立によって、オスとメスのあいだに進化的軍拡競争が起きていることはほぼ確実だ。オスに「抵抗する」メスと、メスの「抵抗を乗り越えようとする」オスのあいだに起きる進化的軍拡競争だ。したがって、性的対立によってメスの選り好みが進化する可能性は十分にある。

とはいえ、今のところ、性的対立説を支持する証拠は、毒や把握器のように性的対立との関連が明白である形質がほとんどである。鳥のカラフルな羽のような、生存に負担になるほどの極端な誇示形質、およびそれらに対するメスの選り好みの進化について、性的対立説でどこまで説明できるかは、よくわかっていない。

「メスに食べられない」ために進化したオスのクモ

直接淘汰によってメスの選り好みが進化した例の1つとして、さきほど婚姻贈呈を挙げた。しかし、オスがメスにプレゼントをすれば、メスには利益だがオスにはコストになる。また、オスが子育てに協力することも、メスには利益だがオスにはコストになる場合もある。そう考えれば、性的対立はかならずしも珍しい現象ではなく、いろいろなケースが性的対立という枠組みの中で理解できるかもしれない。

さきほどは、クモについて、交尾のときにオスがメスに食べられるケースを、（究極の）婚姻贈呈として紹介した。しかし、これは性的対立として理解することも可能である。

キシダグモの仲間には、オスが糸でメスの肢をぐるぐる巻きにして、動けなくしてから交尾する種がいる。この糸を出す器官を人為的に塞いでしまうと、当然オスは糸が吐けなくなる。こういう糸の吐けないオスは、交尾の最中にメスに食べられてしまうことが多い。したがって、糸でメスを動けなくしてから交尾するという行動は、メスに食べられないために進化した可能性が高い。

交尾の最中にメスがオスを食べれば、メスにとっては利益になる。だが、オスにとってはどうだろう。前に紹介したカマキリの例では、メスに食べられたオスの体は、卵を作るための栄養になっていた。この場合は、オスは食べられることによって、自分の子を増やすための役に立つのだから、オスにとっても利益になる可能性がある。

しかし、メスに食べられてしまえば、オスの一生はそこで終わってしまう。もし生きながらえていれば、他のメスとも交尾して、さらに多くの子を残せたかもしれないのに。とはいえ、他のメスと交尾できるかどうかは不確実である。その前にオス自身が鳥に食べられてしまうかもしれないし。

確実だが少数の、今回の子のためにメスに食べられるか。不確実だが多数の、将来の子のためにメスから逃げるか。オスが前者を選べば「婚姻贈呈」と解釈できるし、オスが後者を選べば「性的対立」と解釈できる。しかし、その境界はあいまいだろう。婚姻贈呈と性的対立は、はっきり区別できるとは限らないのである。

メスの選り好みをフィードバックの有無で整理する

ここまで、メスの選り好みが進化したメカニズムについて、いろいろな説を述べてきた。少しややこしくなってきたので、ここで整理しておこう。メスの選り好みが進化したメカニズムは、直接淘汰によるものと間接淘汰によるものに分けられると述べたが、それとは別に、フィードバックの有無という観点からも分けられる。

フィードバックというのは、結果が原因に影響することだ。たとえば、以下のような場合である。

食欲がある（原因）と、ごはんを食べて、満腹になる（結果）。満腹になる（結果）と、食欲がなくなる（原因に影響）。

これは結果が原因に影響しているので、フィードバックの例である。このように、結果が原因を抑制するフィードバックを「負のフィードバック」と言う。いっぽう、「正のフィードバック」というものもある。

お酒を飲む（原因）と、お酒に強くなる（結果）。お酒に強くなる（結果）と、お酒をたく

配偶者の選り好みの進化メカニズム

(1) フィードバックなし

(A) 直接淘汰(性的適合説、他種回避説など)

(B) 間接淘汰(感覚バイアス説など)

(2) フィードバックあり

(A) 直接淘汰(性的協力説、性的対立説など)

(B) 間接淘汰(ランナウェイ説、ハンディキャップ説など)

さん飲むようになる(原因に影響)。

これは、結果が原因を促進しているので「正のフィードバック」と言う。メスの選り好みの進化メカニズムについては、この「正のフィードバック」の有無が重要である。そこで本書では、今後「フィードバック」と言えば「正のフィードバック」を指すものとする。

フィードバックがない説

まず、フィードバックがない説としては、オーストラリアに棲むカエルの例があった(第4章冒頭部分)。オスの体重が重すぎると、オスを背負いきれずにメスが溺れてしまうので、どのメスも自分の体重の70パーセントぐらいのオスを選ぶと考えられている。こういう説を性的適合説と呼ぶことにする。これは選り好みをしたメス自身の子の数に影響することなので、直接淘汰によって進化するメカニズムでもある。

その他にも、フィードバックがない説としては、感覚バイアス説があった。これは、オスの誇示形質と直接関係のない理由でメスの選り好みが進化した（原因）ために、オスの誇示形質が進化した（結果）という説であった。メスの選り好みが進化したのはオスの誇示形質とは無関係な理由なので、オスの誇示形質がメスの選り好みに影響することはない。そのため、フィードバックは起こらない。

さらに、性的適合説や感覚バイアス説の他にも、フィードバックがないメカニズムは考えられる。たとえば、他種のオスとの交尾を避けるために、メスの選り好みが進化する場合だ（仮に、「他種回避説」と呼ぶことにする）。

多くのカエルは、交尾ではなく、包接と呼ばれる体外受精を行う。典型的な包接では、オスがメスの背中に乗って、前肢でメスを抱きかかえる。そして、メスが卵を放出すると、オスはその上から精子をかけて受精させる。ところで、ある種のカエルは、しばしば別種のオスとメスで包接してしまう。こういう行動は、オスにもメスにも利益にならないが、とくにメスにとってのコストは大きい。精子より卵のほうが作るのが大変だからだ。

このようなコストを避けるために、つまり他種のオスとの交尾を避けるために、メスの選り好みが進化する可能性がある。

仮に、お互いに近縁なA種とB種が、同じ場所に生息しているケースを考えてみよう。もしA種のメスがB種のオスと交尾してしまうと、子はできないので、A種のメスにとって利益はない。しかし、コストは被る。交尾することによって捕食者に襲われやすくなったり、同種のオスと交尾するチャンスが減ったりするからだ。

ここで、A種のオスの体表には赤い斑点があるが、B種のオスにはないとする。その場合、A種のメスは、赤い斑点を好むように進化するかもしれない。そのほうが、B種のオスと交尾してしまう間違いは減るだろう。つまり、赤い斑点というオスの誇示形質は、種の識別のためのシグナルとして働いているわけだ。

ただし、こういう選り好みは、近縁種が近くにいなくなれば消失するだろう。選り好みをすること自体にもコストがかかるので、必要のない選り好みは維持できないからだ。

ショウジョウバエを使った研究によると、同所的に生息する近縁種と異所的に生息する近縁種を比較したところ、同所的に生息する近縁種のほうが他種と交尾しない傾向があるようている。これは、他種との交尾を避けるために、メスの選り好みが進化している可能性を示唆しているだ。*

考えてみれば、他種回避説のようなことは、ペットのような身近な生物にも起きているかもしれない。人為的に育種されて、自然界にはない変異を持つ品種が生まれた場合、その品種のメスが同じ品種のオス（あるいは、そのオスが持つ自然界にはない形質）を好むことは、ありそうな話だ。同じイヌという種であっても、チワワとセントバーナードでは交尾しても子ができないので、そういう交尾を避ける性質は自然淘汰で広がるはずだからだ。もっとも、ペットの場合は交配が人為的に管理されていることが多いので、他種回避説の効果はかなり弱いかもしれない。

フィードバックがある説

次は、メスの選り好みが進化したメカニズムの中で、フィードバックが働いているものを整理してみよう。

メスが、婚姻贈呈をしたり子育てに協力したりするオスを好めば、そのメス自身の子の数が増える可能性がある。そのためにメスの選り好みが進化したという考えを、ここでは「性的協力説」と呼ぶことにしよう。つまり性的協力説は、直接淘汰によってメスの選り好みが進化するという説である。

性的協力説の中で、婚姻贈呈を例にして、その流れを簡単に書くと以下のようになる。

メスが、大きなプレゼントをくれるオスを好む（原因）と、（プレゼントが大きいオスが有利になるので）オスのプレゼントはさらに大きくなる（結果）。オスのプレゼントがさらに大きくなる（結果）と、（さらに大きいプレゼントをもらうほうがメスには有利なので）メスはますます大きなプレゼントを好むようになる（原因に影響）。

結果が原因に影響しているので、性的協力説はフィードバックが存在する説である。

性的対立説も、性的協力説と同様に、フィードバックが働く直接淘汰によってメスの選り好みが進化するという説である。性的協力説では、オスがメスに有益なものをもたらすが、

＊ Coyne and Orr (1997) *Evolution* 51: 295-305.

性的対立説では有害なもの（コストになるもの）をもたらす。その結果、性的協力説では、有益なものをもたらすオスをメスが好むが、性的対立説では、有害なものをもたらさないオスをメスが好む。そう考えれば、性的協力説と性的対立説の論理的な構造は同じである。

メスの選り好みを「オスとメスのランダムな配偶（あるいは精子と卵のランダムな受精）からの偏りを生み出すメスの形質」と定義すれば、性的協力説におけるメスの好みも、性的対立説におけるメスの抵抗も、同じ「メスの選り好み」としてまとめられる。メスにとって有益なものを＋（プラス）で、有害なものを－（マイナス）で表せば、ただ符号が違うだけとも言えるだろう。

いっぽう、フィードバックは働くけれど、間接淘汰によってメスの選り好みが進化するという説としては、ランナウェイ説やハンディキャップ説を紹介した。これらが実際に働いていることはほぼ確実だが、間接淘汰による進化メカニズムなので、その作用はあまり強くない。メスの選り好みやオスの誇示形質の維持にそこそこコストがかかると、進化は止まってしまうと考えられている。

それぞれの説は同時に成り立つ

メスの選り好みが進化するメカニズムについて、いろいろな説を紹介してきた。ここで大切なことは、それぞれのメカニズムは、共存しうるということだ。

たとえば、A種とB種という近縁な2種の魚が、同じ川に棲んでいたとする。A種の体表には赤い斑点があり、B種の体表には赤い斑点がなかった場合、A種のメスは赤い斑点を持つオスを好むように進化するかもしれない。そのほうが、間違ってB種のオスと交配する可能性が少なくなるからだ（他種回避説）。ここで、もしA種の主食が赤い藻だったら、A種にはもともと赤い色を好む性質があった可能性がある。その場合、赤いオスを、メスが好むようになったメカニズムの一部には、赤い色を好むという、もとからあった性質も関与していただろう（感覚バイアス説）。

いったん、メスが赤いオスを好むようになると、オスの側でも、赤い斑点が多くなるように進化すると考えられる。そのほうが、より多くのメスと交配できるからだ。すると今度は、メスの側も、より赤いオスを好むようになる。そのほうが、より多くのメスと交配できる息子を産むことができるからだ。そうなれば、オスの体色とメスの選り好みは、お互いに強め合うように進化していくだろう（ランナウェイ説）。もし、交尾がメスにとって負担であれば、交尾の回数を減らすためにも、メスの選り好みが進化するかもしれない。そうなれば、オスの側も、メスに避けられないために、ますます赤い斑点が多くなっていくだろう（性的対立説）。

しかし、オスがどんどん赤くなっていけば、赤い色素を合成する負担が増えていく。そのため、非常に赤くなれるのは、遺伝的に質の高いオスだけということになる。非常に赤いオスと配偶すれば、遺伝的に質の高い子を産めるため、メスの選り好みは維持されていくだろう（ハンディキャップ説）。

別の例としてカマキリの場合を考えよう。交尾の最中にオスがメスに食べられる現象には、オスの体を栄養にしてメスに元気な子をたくさん産んでもらうために、オスがメスの繁殖に協力しているという面（オスとメスの利害が一致している面）もある（性的協力説）。そのいっぽうで、オスにとっては、新たに子を作るチャンスを失うというマイナスの面（オスとメスの利害が一致しない面）もある（性的対立説）。

このように、メスの選り好みに関しては、複数のメカニズムが入れ替わり立ち替わり働くこともあるし、同時に働くこともある。また、同じ現象に対して、複数のメカニズムのどちらとも解釈できる場合もある。メスの選り好みに関する説のうち、どの説が成り立つかは状況によるのであって、かならずしもどれが正しくてどれが間違っているというわけではないのだろう。

第6章

オスとメスの逆転

なぜナンベイレンカクは「一妻多夫」となったか

ナンベイレンカクはパナマなどに棲む、レンカクという鳥の仲間である。足の指がとても長く、この足指を使って、水面に浮いた葉の上を歩く。水の上を直接歩くことはさすがにできないが、水面に浮かんだ薄い葉の上を歩いている姿は、まるで水面を歩いているように見える。

そのため、たいていの捕食者はナンベイレンカクを襲うことができない。ナンベイレンカクを捕まえようとして葉の上に足を置いたとたん、川の中に沈んでしまうからだ。もっとも、水中を泳いできたワニが、ナンベイレンカクを襲って食べることはあるらしいが。

たくさんの浮き葉が茂り、島のように安定しているところに、ナンベイレンカクのメスは縄張りを持っている。縄張りの周囲には、縄張りを持っていないメスのナンベイレンカクが、多数うろついている。そして、縄張りを持つナンベイレンカクのメスに、しばしば闘いを仕掛けてくる。自分より弱いメスを追い出して、縄張りを奪おうとしているのだ。

ナンベイレンカクは翼から鋭い爪が突き出しているが、この爪はオスよりメスのほうが大

ナンベイレンカク

ナンベイレンカクは足の指がとても長く、水面に浮かんだ葉の上を歩く（dpa/時事通信フォト）

きい。ナンベイレンカクのメスは、体もオスより大きい。しかも、攻撃的である。縄張りの主であるメスのナンベイレンカクは、侵入してきたメスを見つけると、しばらくにらみ合う。そして争いが始まる。足の爪で攻撃し、翼の爪でも切りつけるのだ。そして、片方が飛び去ると、争いは終わる。

じつは、オスも縄張りを持っているのだが、その上に重なるようにメスの縄張りが存在している。強いメスは、オス3～4羽の縄張りを所有しており、一妻多夫状態になっている。メスは、オスのあいだを自由に行き来して、交尾をする。そして巣に卵を産む。

ところが、メスは、それきり卵をオスにまかせてしまう。オスは、それから数ヵ月のあいだ、卵やヒナの世話をする。卵を孵化させ、ヒナが独立するまで、きちんと面倒を見るのである。そのあいだにメスは別のオスと交尾して、そのオスの巣に卵を産む。そして、もちろんその卵の世話も、オスにまかせてしまうのだ。

ナンベイレンカクでは、メスが攻撃的でオスが子育てをする。つまり、他の多くの種とは逆転しているように見える。その理由を考えるためには、まず、その他の多くの種のことを考える必要がある。なぜ多くの種では、オスのほうが攻撃的で、メスが子育てをすることが多いのだろうか。

「メスが子育てをする」形質は進化しやすい

「子育てをする」という性質は遺伝するとして、話を進めよう（これは自然な仮定だろう）。つまり、子育てをする親から生まれた子は、子育てをすることが多く、子育てをしない親から生まれた子は、子育てをしないことが多いというわけだ。

さて、「子育てをする」親が、自分の子を育てる場合を考える。その子は、「子育てをする」性質を受け継いでいる可能性が高いし、親が世話をしてくれるのだから生存率も高くなる。その結果、「子育てをする」親の子は増えていくので、「子育てをする」性質も広がっていくと考えられる。

いっぽう、別のケースとして、「子育てをする」親が、他人の子を育てる場合を考えよう。他人の子なので、「子育てをしない」性質を受け継いでいるかもしれない。もしも「子育てをする」親が、「子育てをしない」性質の子の世話をすれば、広がっていくのは「子育てをしない」性質であって、「子育てをする」性質ではない。つまり、「子育てをする」親が、他人の子を育てた場合、「子育てをする」性質が広がっていくとは限らない。

したがって、確実に「子育てをする」性質が広がっていくのは、子育てをする親が自分の子の世話をした場合だけである。

多くの場合、卵と精子が受精するのはメスの体内である。そのため、メスが産んだ子は、確実にそのメスの子と言える。ところが、オスの場合はそうではない。たとえ自分と交尾したメスが産んだ子であっても、その子が自分の子とは限らない。卵を受精させたのは、他のオスの精子かもしれないのだ。

そのため、「メスが子育てをする」という形質は増えていきやすい。つまり、進化しやすい。いっぽう、「オスが子育てをする」という形質は増えていきにくい。つまり、進化しにくい。そのため、多くの種において、子育てはメスがする方向へ進化していったのだと考えられる。

とはいえ、すべての種で、子育てはメスがするわけではない。じつは、ナンベイレンカクのように、オスが子育てをする種もかなりいる。次は、そのことについて考えてみよう。

オスとメスの役割が逆転する「ある条件」とは

オスとメスのどちらが攻撃的で、どちらが子育てをするか、ということに大きく影響するもう1つの要因は、実効性比だ。実効性比とは、「繁殖可能な状態にあるオスとメスの比」である。

注意しなければいけないのは、繁殖可能な年齢に達した個体が、いつも繁殖可能とは限らないことだ。たとえば、妊娠中や子育て中は、繁殖できないことが多い（じつは私たちヒトは、子育て中であっても繁殖できる珍しい種である）。そのため、実効性比は時々刻々変化するのがふつうである。

実効性比を決める要因の1つに、繁殖サイクルの長さがある。たとえば、卵は栄養などが含まれていて大きいので、作るのに時間がかかる。いっぽう精子は小さいし、栄養もほとんどないので、短時間で作ることができる。そのため、卵と精子を作る時間だけ考えれば、繁殖サイクルはオスよりメスのほうが長くなる。

精子を作る時間　＜　卵を作る時間
↓（繁殖サイクル）オス　＜　メス

子育てをするかしないかによっても、繁殖サイクルは大きく変化する。子育てをすれば、繁殖サイクルは長くなるので、もしもメスだけが子育てをすれば、メスの繁殖サイクルは、オスよりますます長くなってしまう。卵を作ったり子育てをしたりしているあいだは配偶できないので、配偶可能なメスの数はオスよりずっと少なくなる。

精子を作る時間　＜　卵を作る時間　＋　子育ての時間
↓（繁殖サイクル）オス　＜　メス

それでは、オスだけが子育てをする場合はどうなるだろう。この場合の繁殖サイクルは、子育ての時間の長さによって、オスが長くなる場合もあれば、メスが長くなる場合もあるだろう。だが、もし精子を作る時間と子育てをする時間を合わせたものが、卵を作る時間より長ければ、オスのほうが繁殖サイクルが長くなることになる。

精子を作る時間　＋　子育ての時間　＞　卵を作る時間

↓　（繁殖サイクル）オス　＞　メス

この場合は、メスが余った状態になり、メスのあいだでオスを獲得するための競争が起きることが予想される。さきほど述べたナンベイレンカクは、このような状態になっていると考えられる。

ちなみに、オスが子育てをする場合でも、精子を作る時間と子育ての時間を足したものが、メスが卵を作る時間よりも短いことがある。たとえば、ヨーロッパに生息するサンバガエルがその例だ。

サンバガエルは、オスが子育てをする。メスは子育てをしないけれど、卵を作るのに時間がかかる。産卵してから次の卵の準備ができるまで、4週間ぐらいかかるのだ。いっぽう、オスは卵を肢に巻きつけて、2〜3週間世話をする。精子を作る時間は短いので、精子を作る時間と子育ての時間を足しても、4週間にはならないと考えられる。つまり、実効性比では、メスよりオスのほうが多くなる。おそらくはそのために、サンバガエルはオスが子育てをするにもかかわらず、メスをめぐってオスが争うのだと考えられる。

「オスによるメスの選り好み」は存在する

メスのほうが攻撃的であるナンベイレンカクでは、オスによるメスの選り好みが存在するのだろうか。それは、よくわからないけれど、他の種では、オスによるメスの選り好みが存在することが報告されている。

モルモンコオロギという昆虫がいる。名前はコオロギだが、コオロギの仲間ではなくキリギリスの仲間である。このモルモンコオロギは、交尾のときにオスがメスに精包を渡す。精包というのは多数の精子を包んだ袋である。

精包を渡す生物は他にもいるが、モルモンコオロギの精包は、栄養分をたくさん含んでいることで知られている。メスは渡された精包を食べるので、これは婚姻贈呈と解釈される。この精包には本当にたくさんの栄養分が含まれているので、精包を渡したあとは、オスの体重が4分の1も減ってしまうらしい。

このような精包を作るには多くのエネルギーが必要なので、長い時間がかかる。したがって、オスの繁殖サイクルはとても長い。その結果、メスが余った状態になり、オスがメスに対して選り好みをするらしい。

モルモンコオロギでは、メスがオスの背中に乗って交尾をする。しかし、オスは背中に乗ったメスなら誰でも受け入れるわけではなく、拒否することがある。拒否されるメスは体の小さいメスで、体の大きさはそのメスが持っている卵の数と関係していることがわかっている。つまり、オスはメスを選り好みすることによって、自分の子の数を増やしていると考えられる。

モルモンコオロギの選り好みは、さきほどの分類では性的協力説に当たる。他の生物でもオスによる選り好みが報告されているけれど、それらはみな体の大きいメスを好むタイプの選り好みである。

ちなみに、オスとメスの役割が逆転しても、完全に同じことは起こらないらしい。オスとメスのいろいろな条件は逆転できても、精子と卵の違いだけは逆転できないので、完全に同じことは起こらないのだろう。

おわりに

ときどき妄想をすることがある。それは、私たちがまったく別の生命体に絶滅させられる妄想だ。

地球上のすべての生物は、ただ1種の共通祖先に由来する。しかし、だからといって、地球における生命の誕生が、ただ1回だけだったとは限らない。もしかしたら、生命は何度も生まれたのかもしれない。そして、いくつものタイプの生命が、同時に存在していたのかもしれない。しかし、時間が経つにつれて、他のいろいろなタイプの生命は絶滅していき、生き残ったのはたった1つのタイプの生命だけ、それが今の生物だったのかもしれない。

もちろん、これは妄想で、それを支持する証拠は今のところない。ないけれど、でも、あってもおかしくない話だ。では、仮に、私たちとは違うタイプの生命がいたとして、それはどんな生命だろう。はっきりとはわからないけれど、1つだけ確かなことがある。その生命は、自然淘汰によって生み出された、ということだ。

自然淘汰は凄まじい力を持っている。ただの物質から生命を生み出すことさえできるのだ。そして、おそらく、自然淘汰が継続的に働くものは、地球にたった1つしか存在できないのではないだろうか。

もしも、別々に自然淘汰が働いている、いくつかのタイプの生命が地球にいたとしたら、それぞれの生命はさまざまに変化しながら増殖して、陣取り合戦のように場所を奪い合うことになるだろう。その場合、けっきょく生き残るのは、たった1つのタイプだけになるはずだ。もし、そうであれば、「地球上のすべての生物は、ただ1種の共通祖先に由来する」のはべつに驚くべきことではなくて、必然の結果ということになる。

しかし最近、生物とは別に、自然淘汰が働く存在が新たに生まれそうな状況になってきた。それは人工知能あるいはロボット的な存在である。もし、人工知能自身が人工知能を作り出すようになったら、そして、それらに自然淘汰が働き始めたら……。最後に生き残るものは何だろうか。もしかしたら、それは生物ではないかもしれない。

自然淘汰は単純な原理だ。遺伝的な変異があって、子をたくさん産めば、自動的に働き出すメカニズムである。しかし、その力は強烈で、働き方にはとんでもない多様性がある。はっきり言って、私は自然淘汰を恐ろしいと思う。そして同時に、美しいとも思う。この

「恐ろしい」とか「美しい」とかいう意識も、自然淘汰で作られた（と私は推測している）と思えば、戦慄さえ覚えるほどだ。

そんな自然淘汰の中でも性淘汰は特徴的で、素晴らしくも不思議な形質を生み出してきた。その働き方によって直接淘汰や間接淘汰といった分け方をされたり、自然淘汰に含まれるのか含まれないのかといった議論がなされたり、性淘汰は何かと話題にされることも多い。そんな性淘汰を紹介しようと思って、本書を書かせていただいた。オスとメスをめぐる物語には、いろいろな形で性淘汰が登場する。進化の流れの中でのオスとメスの物語を楽しんでいただけたら、筆者として、とてもうれしく思います。

最後に、多くの助言をくださったPHP研究所の大岩央氏および宮脇崇広氏、そのほか本書をよい方向に導いてくださった多くの方々、そして何よりも、この文章を読んでくださっている読者諸賢に深く感謝いたします。

更科　功

2021年7月

更科 功［さらしな・いさお］

1961年、東京都生まれ。東京大学教養学部基礎科学科卒業。民間企業を経て大学に戻り、東京大学大学院理学系研究科博士課程修了。博士（理学）。専門は分子古生物学。現在、東京大学総合研究博物館研究事業協力者、明治大学・立教大学兼任講師。『化石の分子生物学』（講談社現代新書）で、第29回講談社科学出版賞を受賞。

著書に『進化論はいかに進化したか』（新潮選書）、『爆発的進化論』（新潮新書）、『絶滅の人類史』（ＮＨＫ出版新書）、『若い読者に贈る美しい生物学講義』（ダイヤモンド社）、『未来の進化論』（ワニブックスPLUS新書）などがある。

「性」の進化論講義　PHP新書 1272

生物史を変えたオスとメスの謎

二〇二一年八月二十四日　第一版第一刷

著者――更科 功

発行者――後藤淳一

発行所――株式会社PHP研究所

東京本部――〒135-8137 江東区豊洲5-6-52

第一制作部 ☎03-3520-9615(編集)

普及部 ☎03-3520-9630(販売)

京都本部――〒601-8411 京都市南区西九条北ノ内町11

組版――有限会社メディアネット

装幀者――芦澤泰偉＋児崎雅淑

印刷所
製本所――図書印刷株式会社

ISBN978-4-569-85038-2

PHP INTERFACE
https://www.php.co.jp/

ＰＨＰ新書刊行にあたって

「繁栄を通じて平和と幸福を」（PEACE and HAPPINESS through PROSPERITY）の願いのもと、ＰＨＰ研究所が創設されて今年で五十周年を迎えます。その歩みは、日本人が先の戦争を乗り越え、並々ならぬ努力を続けて、今日の繁栄を築き上げてきた軌跡に重なります。

しかし、平和で豊かな生活を手にした現在、多くの日本人は、自分が何のために生きているのか、どのように生きていきたいのかを、見失いつつあるように思われます。そして、その間にも、日本国内や世界のみならず地球規模での大きな変化が日々生起し、解決すべき問題となって私たちのもとに押し寄せてきます。

このような時代に人生の確かな価値を見出し、生きる喜びに満ちあふれた社会を実現するために、いま何が求められているのでしょうか。それは、先達が培ってきた知恵を紡ぎ直すこと、その上で自分たち一人一人がおかれた現実と進むべき未来について丹念に考えていくこと以外にはありません。

その営みは、単なる知識に終わらない深い思索へ、そしてよく生きるための哲学への旅でもあります。弊所が創設五十周年を迎えましたのを機に、ＰＨＰ新書を創刊し、この新たな旅を読者と共に歩んでいきたいと思っています。多くの読者の共感と支援を心よりお願いいたします。

一九九六年十月

ＰＨＰ研究所

PHP新書

［経済・経営］

187 働くひとのためのキャリア・デザイン　金井壽宏
379 なぜトヨタは人を育てるのがうまいのか　若松義人
450 トヨタの上司は現場で何を伝えているのか　若松義人
543 ハイエク　知識社会の自由主義　池田信夫
587 微分・積分を知らずに経営を語るな　内山　力
594 新しい資本主義　原　丈人
620 自分らしいキャリアのつくり方　高橋俊介
752 日本企業にいま大切なこと　野中郁次郎／遠藤　功
852 ドラッカーとオーケストラの組織論　山岸淳子
892 知の最先端　クレイトン・クリステンセンほか［著］／大野和基［インタビュー・編］
901 ホワイト企業　高橋俊介
932 なぜローカル経済から日本は甦るのか　冨山和彦
958 ケインズの逆襲、ハイエクの慧眼　松尾　匡
985 新しいグローバルビジネスの教科書　山田英二
998 超インフラ論　藤井　聡
1023 大変化——経済学が教える二〇二〇年の日本と世界　竹中平蔵
1027 戦後経済史は嘘ばかり　髙橋洋一
1029 ハーバードでいちばん人気の国・日本　佐藤智恵
1033 自由のジレンマを解く　松尾　匡
1080 クラッシャー上司　松崎一葉
1084 セブン-イレブン1号店　繁盛する商い　山本憲司
1088 「年金問題」は嘘ばかり　髙橋洋一
1114 クルマを捨ててこそ地方は甦る　藤井　聡
1136 残念な職場　河合　薫
1162 なんで、その価格で売れちゃうの？　永井孝尚
1166 人生に奇跡を起こす営業のやり方　田口佳史／田村　潤
1172 お金の流れで読む　日本と世界の未来　ジム・ロジャーズ［著］／大野和基［訳］
1174 「消費増税」は嘘ばかり　髙橋洋一
1175 平成の教訓　竹中平蔵
1187 なぜデフレを放置してはいけないか　岩田規久男
1193 労働者の味方をやめた世界の左派政党　吉松　崇
1198 中国金融の実力と日本の戦略　柴田　聡
1203 売ってはいけない　永井孝尚
1204 ミルトン・フリードマンの日本経済論　柿埜真吾
1220 交渉力　橋下　徹
1230 変質する世界　Voice編集部［編］
1235 決算書は3項目だけ読めばいい　大村大次郎
1258 脱GHQ史観の経済学　田中秀臣

1259 決断力　橋下 徹

［政治・外交］

893 語られざる中国の結末　宮家邦彦
898 なぜ中国から離れると日本はうまくいくのか　石 平
920 テレビが伝えない憲法の話　木村草太
931 中国の大問題　丹羽宇一郎
954 哀しき半島国家 韓国の結末　宮家邦彦
967 新・台湾の主張　李 登輝
979 なぜ中国は覇権の妄想をやめられないのか　石 平
988 従属国家論　佐伯啓思
1000 アメリカの戦争責任　竹田恒泰
1024 ヨーロッパから民主主義が消える　川口マーン惠美
1060 イギリス解体、EU崩落、ロシア台頭　岡部 伸
1076 日本人として知っておきたい「世界激変」の行方　中西輝政
1083 なぜローマ法王は世界を動かせるのか　徳安 茂
1122 強硬外交を反省する中国　宮本雄二
1124 チベット 自由への闘い　櫻井よしこ
1135 リベラルの毒に侵された日米の憂鬱　ケント・ギルバート
1137 「官僚とマスコミ」は嘘ばかり　髙橋洋一
1153 日本転覆テロの怖すぎる手口　兵頭二十八
1155 中国人民解放軍　茅原郁生
1157 二〇二五年、日中企業格差　近藤大介
1163 AI監視社会・中国の恐怖　宮崎正弘
1169 韓国壊乱　櫻井よしこ／洪 熒
1180 プーチン幻想　グレンコ・アンドリー
1188 シミュレーション日本降伏　北村 淳
1189 ウイグル人に何が起きているのか　福島香織
1196 イギリスの失敗　岡部 伸
1208 アメリカ 情報・文化支配の終焉　石澤靖治
1212 メディアが絶対に知らない2020年の米国と日本　渡瀬裕哉
1225 ルポ・外国人ぎらい　宮下洋一
1226 「NHKと新聞」は嘘ばかり　髙橋洋一
1231 米中時代の終焉　日高義樹
1236 韓国問題の新常識　Voice編集部［編］
1237 日本の新時代ビジョン　鹿島平和研究所・PHP総研［編］
1241 ウッドロー・ウィルソン　倉山 満
1248 劣化する民主主義　宮家邦彦
1250 賢慮（けんりょ）の世界史　佐藤 優／岡部 伸
1254 メルケル 仮面の裏側　川口マーン惠美
1260 中国 vs. 世界　安田峰俊
1261 NATOの教訓　グレンコ・アンドリー

［歴史］

061 なぜ国家は衰亡するのか　中西輝政
286 歴史学ってなんだ?　小田中直樹
505 旧皇族が語る天皇の日本史　竹田恒泰
663 日本人として知っておきたい近代史［明治篇］　中西輝政
755 日本人はなぜ日本のことを知らないのか　竹田恒泰
761 真田三代　平山 優
784 日本古代史を科学する　中田 力
903 アジアを救った近代日本史講義　渡辺利夫
922 木材・石炭・シェールガス　石井 彰
968 古代史の謎は「海路」で解ける　長野正孝
1012 古代史の謎は「鉄」で解ける　長野正孝
1057 なぜ会津は希代の雄藩になったか　中村彰彦
1064 真田信之 父の知略に勝った決断力　平山 優
1085 新渡戸稲造はなぜ『武士道』を書いたのか　草原克豪
1086 日本にしかない「商いの心」の謎を解く　呉 善花
1096 名刀に挑む　松田次泰
1104 一九四五 占守島の真実　相原秀起
1107 ついに「愛国心」のタブーから解き放たれる日本人　ケント・ギルバート
1108 コミンテルンの謀略と日本の敗戦　江崎道朗
1111 北条氏康 関東に王道楽土を築いた男　伊東 潤／板嶋常明
1115 古代の技術を知れば、『日本書紀』の謎が解ける　長野正孝
1116 国際法で読み解く戦後史の真実　倉山 満
1118 歴史の勉強法　山本博文
1121 明治維新で変わらなかった日本の核心　猪瀬直樹／磯田道史
1123 天皇は本当にただの象徴に堕ちたのか　竹田恒泰
1129 物流は世界史をどう変えたのか　玉木俊明
1130 なぜ日本だけが中国の呪縛から逃れられたのか　石 平
1138 吉原はスゴイ　堀口茉純
1141 福沢諭吉 しなやかな日本精神　小浜逸郎
1142 卑弥呼以前の倭国五〇〇年　大平 裕
1152 日本占領と「敗戦革命」の危機　江崎道朗
1160 明治天皇の世界史　倉山 満
1167 吉田松陰『孫子評註』を読む　森田吉彦
1168 特攻 知られざる内幕　戸髙一成［編］
1176 「縄文」の新常識を知れば 日本の謎が解ける　関 裕二
1177 「親日派」朝鮮人 消された歴史　拳骨拓史
1178 歌舞伎はスゴイ　堀口茉純
1181 日本の民主主義はなぜ世界一長く続いているのか　竹田恒泰

1185 戦略で読み解く日本合戦史 海上知明
1192 中国をつくった12人の悪党たち 石 平
1194 太平洋戦争の新常識 歴史街道編集部[編]
1197 朝鮮戦争と日本・台湾「侵略」工作 江崎道朗
1199 関ヶ原合戦は「作り話」だったのか 渡邊大門
1206 ウェストファリア体制 倉山 満
1207 本当の武士道とは何か 菅野覚明
1209 満洲事変 宮田昌明
1210 日本の心をつくった12人 石 平
1213 岩崎小彌太 武田晴人
1217 縄文文明と中国文明 関 裕二
1218 戦国時代を読み解く新視点 歴史街道編集部[編]
1228 太平洋戦争の名将たち 歴史街道編集部[編]
1243 源氏将軍断絶 坂井孝一
1255 海洋の古代日本史 関 裕二

[思想・哲学]

032 〈対話〉のない社会 中島義道
058 悲鳴をあげる身体 鷲田清一
086 脳死・クローン・遺伝子治療 加藤尚武
204 はじめての哲学史講義 鷲田小彌太
468 「人間嫌い」のルール 中島義道
492 自由をいかに守るか ハイエクを読み直す 渡部昇一
856 現代語訳 西国立志編 サミュエル・スマイルズ[著]／中村正直[訳]／金谷俊一郎[現代語訳]
1117 和辻哲郎と昭和の悲劇 小堀桂一郎
1159 靖國の精神史 小堀桂一郎
1215 世界史の針が巻き戻るとき マルクス・ガブリエル
1251 つながり過ぎた世界の先に マルクス・ガブリエル[著]／大野和基[インタビュー・編]／髙田亜樹[訳]

[社会・教育]

117 社会的ジレンマ 山岸俊男
335 NPOという生き方 島田 恒
418 女性の品格 坂東眞理子
495 親の品格 坂東眞理子
504 生活保護vsワーキングプア 大山典宏
522 プロ法律家のクレーマー対応術 横山雅文
537 ネットいじめ 荻上チキ
546 本質を見抜く力――環境・食料・エネルギー 養老孟司／竹村公太郎
586 理系バカと文系バカ 竹内 薫[著]／嵯峨野功一[構成]
602 「勉強しろ」と言わずに子供を勉強させる法 小林公夫

618 世界一幸福な国デンマークの暮らし方 千葉忠夫
621 コミュニケーション力を引き出す 平田オリザ／蓮行
629 テレビは見てはいけない 苫米地英人
632 あの演説はなぜ人を動かしたのか 川上徹也
681 スウェーデンはなぜ強いのか 北岡孝義
692 女性の幸福［仕事編］ 坂東眞理子
706 日本はスウェーデンになるべきか 高岡 望
720 格差と貧困のないデンマーク 千葉忠夫
741 本物の医師になれる人、なれない人 小林公夫
780 幸せな小国オランダの智慧 紺野 登
783 原発「危険神話」の崩壊 池田信夫
786 新聞・テレビはなぜ平気で「ウソ」をつくのか 上杉 隆
789 「勉強しろ」と言わずに子供を勉強させる言葉 小林公夫
792 「日本」を捨てよ 苫米地英人
819 日本のリアル 養老孟司
823 となりの闇社会 一橋文哉
828 ハッカーの手口 岡嶋裕史
829 頼れない国でどう生きようか 加藤嘉一／古市憲寿
832 スポーツの世界は学歴社会 橘木俊詔／齋藤隆志
847 子どもの問題 いかに解決するか 岡田尊司／魚住絹代
854 女子校力 杉浦由美子
857 大津中2いじめ自殺 共同通信大阪社会部
858 中学受験に失敗しない 高濱正伸
869 若者の取扱説明書 齋藤 孝
870 しなやかな仕事術 林 文子
888 日本人はいつ日本が好きになったのか 竹田恒泰
897 生活保護vs子どもの貧困 大山典宏
987 量子コンピューターが本当にすごい 竹内 薫／丸山篤史［構成］
994 文系の壁 養老孟司
997 無電柱革命 小池百合子／松原隆一郎
1022 社会を変えたい人のためのソーシャルビジネス入門 駒崎弘樹
1025 人類と地球の大問題 丹羽宇一郎
1032 なぜ疑似科学が社会を動かすのか 石川幹人
1040 世界のエリートなら誰でも知っているお洒落の本質 干場義雅
1059 広島大学は世界トップ100に入れるのか 山下柚実
1073 「やさしさ」過剰社会 榎本博明
1079 超ソロ社会 荒川和久
1087 羽田空港のひみつ 秋本俊二
1093 震災が起きた後で死なないために 野口 健
1106 御社の働き方改革、ここが間違ってます！ 白河桃子
1125 『週刊文春』と『週刊新潮』闘うメディアの全内幕 花田紀凱／門田隆将

［心理・精神医学］

695 大人のための精神分析入門　妙木浩之
697 統合失調症　岡田尊司
796 老後のイライラを捨てる技術　保坂 隆
825 事故がなくならない理由(わけ)　芳賀 繁
862 働く人のための精神医学　岡田尊司
895 他人を攻撃せずにはいられない人　片田珠美
910 がんばっているのに愛されない人　加藤諦三
952 プライドが高くて迷惑な人　片田珠美
953 なぜ皮膚はかゆくなるのか　菊池 新
956 最新版「うつ」を治す　大野 裕
977 悩まずにはいられない人　加藤諦三
1063 すぐ感情的になる人　片田珠美
1091 「損」を恐れるから失敗する　和田秀樹
1094 子どものための発達トレーニング　岡田尊司
1131 愛とためらいの哲学　岸見一郎
1195 子どもを攻撃せずにはいられない親　片田珠美
1205 どんなことからも立ち直れる人　加藤諦三
1214 改訂版 社会的ひきこもり　斎藤 環
1224 メンヘラの精神構造　加藤諦三

［地理・文化］

592 日本の曖昧(あいまい)力　呉 善花
670 発酵食品の魔法の力　小泉武夫／石毛直道［編著］
705 日本はなぜ世界でいちばん人気があるのか　竹田恒泰
934 世界遺産にされて富士山は泣いている　野口 健
1119 川と掘割"20の跡"を辿る江戸東京歴史散歩　岡本哲志
1182 京都の通りを歩いて愉しむ　柏井 壽
1184 現代の職人　早坂 隆
1238 群島の文明と大陸の文明　小倉紀蔵
1246 中国人のお金の使い道　中島 恵
1256 京都力　柏井 壽
1259 世界と日本の地理の謎を解く　水野一晴

［医療・健康］

336 心の病は食事で治す　生田 哲
436 高次脳機能障害　橋本圭司
499 空腹力　石原結實
552 食べ物を変えれば脳が変わる　生田 哲
712 「がまん」するから老化する　和田秀樹
788 老人性うつ　和田秀樹
794 日本の医療 この人を見よ　海堂 尊
800 医者になる人に知っておいてほしいこと　渡邊 剛
801 老けたくなければファーストフードを食べるな　山岸昌一
860 日本の医療 この人が動かす　海堂 尊

912 薬は5種類まで　秋下雅弘
926 抗がん剤が効く人、効かない人　長尾和宏
947 まさか発達障害だったなんて
　星野仁彦／さかもと未明
1007 腸に悪い14の習慣　松生恒夫
1013 東大病院を辞めたから言える「がん」の話　大場 大
1036 睡眠薬中毒　内海 聡
1047 人間にとって健康とは何か　斎藤 環
1053 iPS細胞が医療をここまで変える
　山中伸弥［監修］／京都大学iPS細胞研究所［著］
1056 なぜ水素で細胞から若返るのか　辻 直樹
1139 日本一の長寿県と世界一の長寿村の腸にいい食事　松生恒夫
1143 本当に怖いキラーストレス　茅野 分
1156 素敵なご臨終　廣橋 猛
1173 スタンフォード大学教授が教える 熟睡の習慣　西野精治
1200 老化って言うな！　平松 類
1240 名医が実践する「疲れない」健康法　小林弘幸
1244 腰痛難民　池谷敏郎

［文学・芸術］

258 「芸術力」の磨きかた　林 望
343 ドラえもん学　横山泰行
415 本の読み方 スロー・リーディングの実践　平野啓一郎
421 「近代日本文学」の誕生　坪内祐三
497 すべては音楽から生まれる　茂木健一郎
519 團十郎の歌舞伎案内　市川團十郎
578 心と響き合う読書案内　小川洋子
581 ファッションから名画を読む　深井晃子
588 小説の読み方　平野啓一郎
731 フランス的クラシック生活
　ルネ・マルタン［著］／高野麻衣［解説］
781 チャイコフスキーがなぜか好き　亀山郁夫
820 心に訊く音楽、心に効く音楽　高橋幸宏
843 仲代達矢が語る 日本映画黄金時代　春日太一
905 美　福原義春
916 乙女の絵画案内　和田彩花
951 棒を振る人生　佐渡 裕
1009 アートは資本主義の行方を予言する　山本豊津
1021 至高の音楽　百田尚樹
1103 倍賞千恵子の現場　倍賞千恵子
1126 大量生産品のデザイン論　佐藤 卓
1145 美貌のひと　中野京子
1165 《受胎告知》絵画でみるマリア信仰　高階秀爾
1191 名画という迷宮　木村泰司